这究竟是为什么

［英］西蒙·布莱克本（Simon Blackburn）\ 著

胡宇鹏 \ 译

海南出版社

·海口·

What Do We Really Know?

Copyright © 2009 Simon Blackburn

Published by arrangement with Quercus Editions Limited, through The Grayhawk Agency Ltd.

版权合同登记号：图字：30-2022-035 号

图书在版编目（CIP）数据

这究竟是为什么 /（英）西蒙·布莱克本
(Simon Blackburn) 著；胡宇鹏译 . −− 海口：海南出版社，2023.1
    书名原文：What Do We Really Know？
    ISBN 978-7-5730-0848-0

    Ⅰ.①这… Ⅱ.①西…②胡… Ⅲ.①思维科学 – 通俗读物 Ⅳ.① B80−49

    中国版本图书馆 CIP 数据核字 (2022) 第 207247 号

这究竟是为什么

ZHE JIUJING SHI WEISHENME

作   者：［英］西蒙·布莱克本（Simon Blackburn）
译   者：胡宇鹏
出 品 人：王景霞
责任编辑：张 雪
责任印制：杨 程
印刷装订：北京天恒嘉业印刷有限公司
读者服务：唐雪飞
出版发行：海南出版社
总社地址：海口市金盘开发区建设三横路 2 号 邮编：570216
北京地址：北京市朝阳区黄厂路 3 号院 7 号楼 101 室
电   话：0898-66812392 010-87336670
电子邮箱：hnbook@263.net
经   销：全国新华书店
版   次：2023 年 1 月第 1 版
印   次：2023 年 1 月第 1 次印刷
开   本：880 mm×1 230 mm   1/32
印   张：7.875
字   数：170 千
书   号：ISBN 978-7-5730-0848-0
定   价：59.80 元

目录

序言

我在书中列举的 20 个问题，是无论男女老少都时常会感到困惑的问题。就算不去主动思考，这些问题也会自然而然地在我们的脑海中出现。尽管很多时候都难以解答，我们却都想知道答案。然而，哲学似乎更关注问题本身，而不是做出解答，这在学术学科中可谓独树一帜。哲学似乎一直以来都没有给出共识性或确定性极高的答案，这对于研究哲学的人来说终是遗憾，但我却不这样认为。有一部分原因在于，有些问题乍一看简单明了，但一经考量，又能衍生出许多小问题来，例如"为什么要有道德？""生命的意义是什么？"，这样的问题怎么可能轻轻松松就能得出标准答案呢？不过，其中可能也会涉及其他问题，比如，在面对种种诱惑之时，为什么要表现出道德？在那些极具诱惑力的事情里，又有哪些事是值得去做的？实际上，在不同情况下可能会有多个答案，而非只有一个标准答案。能有此认知，已是进步。

其他问题也可能暗藏玄机。"为什么事物会存在？"就是个非常好的例子。尽管它被视为所有人都能提出的、最深奥的、哲学的基本问题，但受其深度及热度影响，它也成了一个无解的逻辑游戏。不过可能也不完全是这样，或许我们需要认真思考一下，每个人的想法其实都不一样，我们也不必因此而遗憾或为难。不管写哪种与人类相关的文章，我们都会朝着不同的方向展开内容——对不同的参与者和旁观者来说，不管是对政治决策，还是对家庭度假、人员纷争，感受都不尽相同。莎士比亚曾就爱情、战争、恐惧、野心等主题创作过多部流芳千古的戏剧作品，但没有人会相信莎士比亚给出了"标准答案"，也没有人会相信除此之外再没有值得讨论的内容。

所以我试图让读者们熟悉这些问题，其中有些问题是广为人知的，有些则是围绕在人们身边的陷阱与困惑。

除了最后一个问题是最终才会遇到的，书中罗列的问题并无特定顺序。书中的章节是独立设置的，利于读者随意阅读任何一章的内容。由于部分内容存在交叉引用，希望读者可根据个人需要翻阅前后的相关内容。

21世纪延续了20世纪的趋势，在某种程度上追求科学至上主义。破解人类基因组给人类带来了喜悦，生物学与医学有了无可限量的发展前景，人文学科（譬如哲学）被推到了对立面，但就哲学家所做的解读人性这件事情而言，哲学是否应"归隐田园"，被蓬勃发展的科学所取代？在一些章节中，我反思了人性科学的实际成就及未来，不像有些人那样总是充满信心。我希望其中的缘由可以引发人们的思考，思考我们如何思考、如何感受，以及我们应以怎样的方式思考和感受。

感谢我的经纪人凯瑟琳·克拉克（Catherine Clarke）以及栎树出版社的编辑韦恩·戴维斯（Wayne Davies）一直以来的鼓励。我还要一如既往地感谢我的妻子，她给予了我无比宝贵的编辑以及文学方面的帮助。2008 年，剑桥大学准许我休假，让我有了撰写此书的时间；北卡罗来纳大学教堂山分校为我提供了研究岗位，让我能够从事研究工作，对此，我深表谢意。

我是机器中的幽灵吗？

自我意识的寻觅之旅

众所周知，我们是由血肉堆砌而成的生灵。我们厉害的大脑是由数以千亿计的神经元及脑细胞组成的，是一个超乎想象的复杂集合。每个神经元、脑细胞都与彼此有着千丝万缕的联系。

人类的大脑控制着记忆、视觉、学习、思维，同时，也在人类有机系统的自主行为与自主活动中发挥着监督和控制的作用。不同的感觉器官对物理刺激做出相应的反应后，将信号传输到大脑中的特定位置。这些细胞协同工作，让我们拥有视觉、触觉、味觉、嗅觉、记忆，并能对事物进行比较和分类。大多数情况下，大脑都能正常运转，只有当其出现问题的时候，我们才会意识到它有多么脆弱。大脑中少量神经元受损的人会认为镜子里的是别人，而非自己；会忘记自己是谁、在哪儿；又或是会认为自己的妻子是顶帽子。对于很多人而言，脑部 CT 扫描件上的一小块阴影实际上意味着令人恐惧的阿尔茨海默病已近在咫尺。

沉睡的吉普赛人

亨利·卢梭（Henri Rousseau，1844—1910）

精神世界

上述内容是我们作为有意识、有思想的动物的物质基础，但是，我们不禁要思考：这样的物质基础很不错，然后呢？在这基础之上的又是什么？例如，我们的视线可以追随光线。光线从最初照射到眼睛开始，到激活视网膜细胞，再到刺激视神经，然后又回到增加视觉皮层的活动。通过这种方式，整个系统中的各个部分被联结在了一起。但是，比如当我看到一辆汽车经过时，我身上究竟发生了什么呢？意识是如何从身体系统这个神奇的组织中产生并出现的呢？在我们的想象中，存在着一个次级附加世界。这里有我们的"内在"体验，包括想象、感受、思想，以及感官体验，即感官对事物的感受。

我们随后便会认为，我可以进入我的精神世界，你也能进入你的，但是我不能进入你的精神世界，至少不能像你我进入自己内心世界那样进入对方的精神世界。我们都拥有进入自己精神世界的特权。作为一名科学家，你或许能够用图表绘制出我的大脑做了何种反应，但是，真正看到汽车经过的那个主体是我，而且，不管你以多么近的距离窥视我的大脑，又或者多么精准地记录下了脑细胞工作的方式，你都不知道我究竟看到了什么。我们的精神世界本身就是连最好的科学设备都无法窥见的。假设我想到了巴黎的林荫大道，就能真的像漫步其中一样在大脑中想象出来。无论神经生理学家多么卖力地挖掘我的大脑，他都无法举起某个部分说："啊哈！他在这个地方想到了巴黎的林荫大道！"大脑看起来一片灰暗，但于我而言，我脑中的林荫意识是如何从身体系统这个神奇的组织中产生并出现的呢?

大道则是五彩斑斓的。大脑的这一部分其实很小,但林荫大道却又长又宽;大脑属于软组织,但在我的白日梦中,林荫大道却如同人行道一般坚硬,上面车水马龙,川流不息。

　　这样的想法很正常,但很快也引发了令人费解的疑问。受其影响,17 世纪科学革命开始时,勒内·笛卡儿(René Descartes)[①]假定大脑中的一部分(他将其称为"松果体")是通往灵魂的入口。你,或是你自己,就位于这扇门的后面,大脑向你传递信息,你也可以对大脑发号施令,从而引发一系列事件,让你能够走路、说话,甚至对意识问题感到愤怒。这就是 20 世纪的吉尔伯特·莱尔(Gilbert Ryle)所说的"机器中的幽灵"模型,即大脑—身体系统是个庞大的机器,功能是将信息带给"幽灵",再由它传回指令。笛卡儿实际上并非将人体内的自我喻为飞船中的飞行员,但基本上这就是他留给人们的印象。

上帝的美意

　　像这样思考意识无法让人满意,这显然束缚了科学的发展。事实证明在这个模型上,无论神经学怎样研究,都会遇到这扇通往意

------

① 　勒内·笛卡儿(René Descartes, 1596—1650),法国哲学家、物理学家、数学家、生理学家。解析几何的创始人。试图建立无所不包的哲学体系。在认识论上,是近代唯理论的创始人。主要著作有《形而上学的沉思》《哲学原理》等。

识世界的紧闭的大门，门后则是一个与物理世界紧密联系的奇妙世界。灵魂世界是被科学拒之门外的，将灵魂与身体联系起来的系统亦是如此，我们对这套全新的法则与力量一无所知。在我们认识世界的活动中，无论是科学还是哲学，都不愿意遇到这样的禁区。

尽管 20 世纪的最后十年被称为"意识研究的十年"，但在各大学科的贡献下，在笛卡儿第一次提出观点后不久，基本的哲学选择便被构造出来了。约翰·洛克（John Locke）[①]与戈特弗里德·威廉·莱布尼茨（Gottfried Wilhelm Leibniz）[②]对此针锋相对，各执一词。洛克选择遵循笛卡儿体系，在解释为什么某种特殊的感受（例如针刺感）需从物理世界里特定的兴奋型中产生时，他认为这种联系是"上帝的美意"，这也是一无所知的婉转表达。莱布尼茨对人类理解力则更为乐观（请参阅"为什么是有，而不是无？"一章），他回复道：

> 千万不要认为颜色判断及是否痛苦之类的观点是主观的，也不要认为它们及其原因之间不存在联系或自然关联：如此无礼且无理，绝不是上帝的行事方式。我要说的是，存在一种相似之处——并非一种贯穿始终的完美相似性，而是事物通过它

---

① 约翰·洛克（John Locke，1632—1704），英国哲学家。继承并发展了弗朗西斯·培根和霍布斯的思想，建立并论证了唯物主义经验论的"知识源于感觉"的学说。主要著作有《政府论》《人类理解论》等。
② 戈特弗里德·威廉·莱布尼茨（Gottfried Wilhelm Leibniz，1646—1716），德国自然科学家、数学家、哲学家。在数学上，同牛顿并称为微积分的创始人。又是数理逻辑的前驱者，唯理论的主要代表之一。主要著作有《形而上学谈话》《人类理智新论》等。

们之间的某种有序关系来表达与另一事物的相似之处。因此，椭圆，甚至抛物线、双曲线，都与圆在平面上的投影有些相似。确实，疼痛感与别针的移动不同，但它可能与别针在我们体内引发的活动完全相似，甚至可能在灵魂中存在。对此，我毫不怀疑。

对于洛克来说，上帝有三件事需要做：创造物质世界；创造意识经验世界；制定将二者联系起来的法则。莱布尼茨则认为上帝只需要做一件事：建立一个物质世界，其余则都可遵循几何方式，从前提自行推演出结果，一旦上帝（自然）创造了直角三角形，他（或它）便不必进行其他任何操作以确保斜边的平方是其他两边的平方之和。莱布尼茨希望如此，这也恰恰是我们所需要的：意识经验世界必须与物理学和神经科学建立一种可理解的关系。

玛丽、光谱、僵尸

因此，光是说我们的思想是从大脑刺激的特定组合中"浮现"出来的，这并非什么好答案。用流行的哲学术语解释的话，就是思想可能会"附加于"这个组合之上，也就是说，如果大脑状态没有根本的改变，思想也不会改变。但如果到最后，我们对这种"浮现"是如何发生的，或意识世界实际上"浮现"出了什么一无所知，那么这种说法就没有实际意义，就像洛克提出"上帝的美意"这一观点一样。莱布尼茨坚持解释得更加清晰，他希望能跨过近代哲学家口中的"解释鸿沟"①。

有许多论点（有时被称为"直觉泵"②）旨在证明"解释鸿沟"无法跨越。第一个思维模型是对僵尸这一物种的幻想。它们的身体与我们相似，但其通往意识经验世界的大门被关闭了。该物种的举止与你我相似，却没有意识、没有心理活动，空有躯壳。在洛克看来，上帝可以创造僵尸。第二个思维模型是"颠倒光谱"③。想象一个人有着与你完全相同的身体构造，但是他看到的颜色却与你完全相反。你看到的颜色指向光谱的蓝色带，那个人看到的却为红色带。他和你在身体上看起来相同，但他看到的东西却与你看到的不同，他的意识与你的意识更是天差地别。第三个思维模型由澳大利亚哲学家弗兰克·杰克逊（Frank Jackson）在其论文中首次提出，所以也被称为"杰克逊的知识论证"。在杰克逊的文章中，玛丽是一位学识渊博的物理学家，对物理、化学、人脑运作及人的行为反应都了如指掌。玛丽一直以来都生活在单色房间中，当她被从房间里放出来的时候，她生平第一次见到了香蕉。"啊哈！"她自言自语道，"所以黄色原来是这个样子的啊，我一直好奇它是什么样的。"玛丽此时的确是学了新的东西，这一声"啊哈"表明她的意识世界接收了新的东西，但她无法描述究竟是什么样的。无论她学

---

① 心灵哲学里一个著名的反物理主义论证，即物理真命题和现象真命题之间存在一个鸿沟，即使掌握所有关于前者的知识也不足以得出关于后者的知识。——译者注
② 这一概念由哲学家丹尼尔·丹尼特（Daniel Dennett）提出，是指在思维实验中通过不同变量激发系列直觉的工具，是说服或教育的工具。直觉泵是能迸发出直觉、灵感、思路、判断、结论的机器。——译者注
③ 即洛克的倒谱假说，不同人的色彩体验不同，以至于他们的行为和对色彩词的使用体现出差异，因此将其视为全面的主体间光谱反转的基本特征。——译者注

习过多少视杆细胞和视锥细胞的知识，又或是学习过多少运用眼脑系统在不同波长下对不同能量的光做出反应的理论，她都无法说出黄色究竟是什么样的。这种预测鸿沟与解释鸿沟相似。

许多哲学家都追随着莱布尼茨的脚步，想努力抵抗"直觉泵"的结论，其最主要的原因是，这种"直觉"让我们无法了解他人的意识。如果僵尸真实存在，那我要怎么才能知道你不是僵尸呢？如果我能从你言谈举止中判断你是否有意识，那又何必假设你是僵尸呢？或许，让我成为数十亿僵尸中唯一一个有意识的人类，是上帝的美意，又或许上帝最大的美意是让过着相对美好生活的人有意识，而让穷人和被世界遗忘的人麻木不仁、一无所知。

如果"颠倒光谱"可能出现，你恰好又是与众不同的那一个人，或许我们应该接受自己对他人知之甚少的事实，然而事实却往往更糟。路德维希·维特根斯坦（Ludwig Wittgenstein）[1] 用其最精彩的论据之一讨论了这个问题。我怎么知道我看到的颜色就是昨天看到的呢？我怎么知道一直以来我都是有意识的？我的回忆恐怕不足以证明事实确实如此。或许到现在为止，我的神经系统已被发生在我大脑和身体上的事情所改变，或许它现在正在通过意识之门传递信息，包括在我的意识中使我确信昨天看到了颜色的信息，还有证明我过去几十年确实处于清醒状态的信息。但是，为什么要靠记忆来评判呢？也许意识之门并非时常打开，但在幻觉之下，即使我的意识之

---

[1]　路德维希·维特根斯坦（Ludwig Wittgenstein，1889—1951），英国哲学家、逻辑学家。他的早期哲学对逻辑实证主义的影响很大，晚期哲学则为分析哲学学派所接受与发挥。主要著作有《逻辑哲学论》《哲学研究》等。

门没有打开，我也觉得是它打开的！毕竟，目前尚未有关于意识留下自身痕迹的理论。众所周知，记忆通常完全取决于运作良好的神经生理学，并且需要消耗能量以发挥细胞效应。因此，也许意识无法、也从未留下痕迹，我们一直都生活在幻觉之中，以为我们一直拥有意识，就像看到这行字的当下一样。

反击

当然，我们不能就这么算了。现在让我们看看莱布尼茨的说法。他口中的这些关系是什么样的呢？我们来逐一分析一下这三个"直觉泵"。怎么解释僵尸的例子呢？有趣的一件事是，我在课上向学生们解释僵尸理念的时候，大多数学生都被这个论证说服了。如果我问他们僵尸如何移动，他们大多会模仿科学怪人弗兰肯斯坦，会机械、僵化地四处乱动；如果问他们僵尸怎么说话，他们会学答录机说话，语调单一、毫无起伏。但这是错的！僵尸应当像我们一样移动、交谈！现在来想想我们自己的行为举止。我们反应敏捷、笑容灵活、理解迅速，对突发情况和笑话能及时做出反应，也能随意控制自己的动作，困惑时会皱眉，还有各种各样的情感、情绪、态度和感受，仅靠面部表情，就能把我们的思维过程传达得极其精准。如果思考一下这个问题，你就会发现类似莱布尼茨的几何类比的概念可以完全套用上去：我们的意识是通过表情和动作表现出来的，它们之间的联系或许就像莱布尼茨所说的圆和椭圆的关系一样，可以被人们所理解。一个人在看到朋友遭受打击后流下眼泪，或者听到笑话而破涕为笑时，我们能知道他在想什么。当一个生物能突然大笑、反应迅速、皱眉，跟我们的姿势几乎一样，还能像我们一样表达情感的时候，他是僵尸的可能性就变小了。

"颠倒光谱"的思考模型引发了许多有趣的问题，这里只能浅谈一二。首先，它告诉我们，每种颜色可能会以相反的颜色表现出来。难以想象，可能存在某个看起来跟我几乎无差别的生物，却有着与我完全相反的感官，比如我听起来像是低吼的声音，他听起来却是尖叫声，反之亦然。或者，那个人看到的是黑色，我看着却觉得是白色。接下来这一点可能更难以理解：在光线变暗时，他的视力是不是反而更好呢？尽管他像我一样在晚上走路时跌跌撞撞，但于他而言，夜晚是否如同白昼一般明亮？尽管在白天他能轻易避开障碍物，但白天对他来说是否又如同黑夜呢？这样真的说得通吗？对于色觉来说，这一点似乎还不够明显，但类似的观点可能也可以套用在其他方面。颜色与事物的其他方面也有联系，例如：红色是一种温暖而令人兴奋的颜色，黄色代表明亮，蓝色令人感到深邃，而绿色则意味着清凉等。色彩间有着非常复杂的联系，若想让色盘上的颜色替换位置，但又要保持它们之间原本的紧密联结，这似乎是不可能的。如果我们将这些想法联系起来，我们可能就会认为自己真的能够"看"出来为什么一旦物理性质确定了，事物会呈现出什么颜色也就跟着确定了。

如果是这样，那么玛丽的"啊哈"时刻就不会那么戏剧化了。假设玛丽拿到了一根紫色香蕉，她可能知道自己被骗了。对光敏感的神经会告诉她，只有红色、绿色、黄色和蓝色这四种看起来独特的原色，其他颜色则像这几种颜色的混合物，就像紫色（红色加蓝色）或者橙色（红色加黄色）。既然她事先知道黄色是一种独特且明亮的颜色，并且香蕉应当是黄色的，那么她可能仅看一眼就能知道，那根紫色的香蕉不是正常的香

蕉。通过这样论证，也许我们可以将解释鸿沟缩小到莱布尼茨可以跨越的程度。

对于意识，我们还有许多顾虑。完全瘫痪的人尽管无法表达，但有可能会拥有相当丰富的精神生活记忆，这也会使人的身心变得完全不同。我们能看到动物的外表和行为方式，却始终无法对它们的精神生活做到了如指掌。我们或许会疑惑，某些生物到底有没有意识：鱼钩上的鱼看起来十分痛苦，但真的是这样吗？是像我们感受疼痛那样吗？需要注意的是，这是另一个截然不同的问题。我们能理解为什么行为举止看起来正常的人必须要有正常人的精神生活（如莱布尼茨说的那样），但又不知道那些行为不太正常的人，或者是与我们完全不同的动物到底有没有意识。

当代流行的解释是，意识有一种监视我们的大脑或身体的"高阶"能力。我们会察觉自己受伤和不舒服，这种察觉会让我们产生疼痛的意识，所以当鱼身处"痛苦"中时，更像是植物缺水的痛苦。笛卡儿试图说服自己，除了人类，所有动物都没有意识。其他人则从其他动物没有语言的角度论证，它们没有高阶思维，更不可能存在意识。但大多数人都不免对这种种族主义观点感到惴惴不安。在

看到忠诚的狗狗或者动物园里看起来悲惨的猩猩时，我们便很难想象实情会是这样。从进化的角度来看，我们没有理由认为意识这种功能只能用来监视我们自己的状态，而不能监视周遭世界。

我认为我们最好抛弃透过行为猜测意识的这种观点，才有可能接近意识的本质。我们需要认识到，微笑是人们最自然的表达快乐或幸福的方式，因此，心理状态并非一种躲在功能完备的个体背后的事物，而是在人们的脸部和行为中可以观察得到的东西。比如，心情愉悦的人走路时脚步轻巧，沮丧的人则步履沉重、哭丧着脸。我们也坚持认为，我们确实了解他人的很多意识。在相邻座位上观看同一场足球比赛的人所看到的事物会和我看到的差不了多少，除非他的注意力和经验让他能够看到只有他才能分辨出来的差异——但这也能让人有所察觉。

这接近亚里士多德所说的，思想是身体的一种表达形式，而这也表明希腊语中没有可直接译为"意识"的词。或许，希腊人比我们更早认识到，意识并非一种来自与我们现实生活平行的神秘世界的事物，而只是我们这个世界的活动。因此，一旦神明或自然界造出了能够活动的生物，工作就完成了。神明或自然界没有必要添加第二个世界，也不必另外创造第三个世界对二者进行调整了。

人性是什么？

诠释的难题

人性总是困扰着我们，自古便如此。通过科学和医学，我们得以详细了解自己的生物本质，但我们的心理却难以捉摸。我们一遍又一遍地诠释自己，不厌其烦。我们很复杂，复杂到让别人甚至自己都惊讶。

我们总是在问：人性究竟是理性的，还是感性的？是自私的，还是利他的？是短视近利的，还是深谋远虑的？是争强好斗的，还是爱好和平的？是放荡的，还是贞洁的？是邪恶的，还是良善的？通过多年的努力，关于这一问题的答案还是众说纷纭。

该去图书馆还是进实验室？

如果在图书馆研读历史多年，或与人类学家一同研究多年都没能解答这些古老的问题，那么科学实验能更好地予以解答吗？科学，或者被当成科学的那些主张，很想对此说上几句。进化心理学家从我们的祖先如何活在更新世环境下着手进行推测，灵长类动物学家则试图通过观察黑猩猩和巴诺布猿来推测，实验经济学家让人玩各种金钱类游戏，神经生理学家努力解读大脑扫描件的结果，社会心理学家则通过调查问卷的方式进行研究。

关于我们自己的理论至关重要。如果我相信人本质上都是自私的，我将以不同的方式生活，可能会变得自私，不信任他人，也不值得别人信任，其他人可能也会这样。如果我相信基因决定论，相信文化无用，那我就不会为学校纳税，不会在意我的孩子看什么电视内容。错误的人性观可能是堕落的开始。因此，关于人性究竟是什么样子，不仅本身非常有趣，更有直接且实际的意义。

文化和人性

我们刚开始或许会先考虑人性是不是一个值得重视的概念，还是说，它不过是亚里士多德"万物皆有固定的自然状态"这一想法的残余。达尔文认为，物种随时间而改变，并且变异源自事物内部的变化。有性生殖以及随之带来的基因重组，可能就促成了这些变异的发生。除此之外，从基因组到最终的生物形成的过程中没有任何的自然联系。通常我们只能看出基因在不同环境中展现的不同结果，而这些结果之间的差异尽管不是基因引起的，但仍是可以遗传的。就像动物身上所发生的一样，我们所能盼望的是有更多有趣的进化出现。人通常都有两只眼睛和两只手臂，这是固定不变的，但是谁又能说哪些心理特征也会如此稳定呢？或许不变的不是一个简单的特质，例如自私或好斗的特点，而是环境和个性的关联。比如，自私会被影响，或者，如果一个人的成长过程中，周围都是好斗的成年人，那么他也会变得好斗。就像语言学习，孩子们真正稳定习得的不是法语或者汉语，而是他们的母语。

这足以告诫我们抛弃某些认为自己不可能是文化和环境的一部分的愚蠢的想法。文化并非虚无缥缈的时代迷雾，也不是漂浮在我们的世界之外的一种幽灵般的诡异力量。关注文化，实际上只是关注环境而已，当然，其中也包括他人的行为。从某种意义上来说，正是由于文化，我们才会讲母语，才会有欣赏和喜爱的事物，才会有所希冀与期望。受文化的影响，加拿大的谋杀率仅为美国的四分之一；同样受文化的影响，嗜血的维京人只用了几个世纪就变成了如今和平至上的北欧人，这可比物竞天择快多了。

各项科学的进展以及科学整体的发展都可能有助于我们理解自己，但要避免混淆科学本身与某个特定科学家的观点。尤其是生物学，这门学科长久以来都认为生物不可能有利他行为。生物学家认为，"利他主义"指的是为了他人而牺牲自己利益的行为，任何有这种倾向的生物都会在进化中被淘汰。根据这种观点，进化论中的幸存者必须是丛林中最具竞争力、最具侵略性和最无情的野兽，而且无论在何种情况下，力量都是唯一的幸存法则。

猖獗的基因

在生物学家理查德·道金斯（Richard Dawkins）的经典著作《自私的基因》（*The Selfish Gene*）中，他曾试图美化这一点，并提出了这样的观点，即地球上只有人类可以"反抗自私基因的统治"，尽管基因注定了我们是自私可恶的，但我们仍能设法保持善良友好。然而，这种言论实在是令人难以接受。像其他生物一样，我们有基因，也有心理。也就是说，我们的大脑是在依据遗传习惯将这些基因转化为蛋白质和细胞的环境中形成的，因此我们能够思考、会产生欲望、可以与他人交谈，并让自己去适应文化。但我们要反抗这种"统治"是什么意思呢？或许道金斯是这样想的：当我想做某件自私的事的时候，我能够控制自己，转而去做成全别人的事。为什么这样做就是反抗基因呢？只可能是因为我们陷于机器中的幽灵这种想法，我们才可能对抗"本性"，逼自己做原本抗拒的事。这并不现实，因为那个真实的、生物学上的我无法与大脑抗争。事实上，我只是个使用大脑的人。"自我"这一概念，扮演着位于本性之外却能神秘地对本性进行干预的代理人的角色，我们将在下一章中更详细地加以讨论。

道金斯极其精准、简洁地定义了达尔文主义的核心观念，即"进化是小的随机遗传变异，在非随机情况下存活下来，并向非随机方向发展"。在基因中出现的小型变异会自行复制，非随机生存率是基因与等位基因在特定环境中相对适应性的指标。但从一个生物体必须生存进化的事实出发，我们无法推断出有机体除了自身生存或自身的"利益"之外，对其他事物毫不关心的结论。从功能推论到整体的心理状态，纯属谬论。就像从性欲有进化功能（即生殖）这一事实推断出，当我们想做爱时，只是为了要个孩子一样荒谬。不过令人高兴的是，不论是对人类的欢愉享受还是对制药业的利益来说，事实都并非如此。

好人的结局是？

因此，达尔文告诉我们，我们可能喜欢帮助别人，就像喜欢不为繁殖的单纯的性行为一样。而且，那些甘愿帮助自己亲人、邻居、同事的人，比那些未曾施过援手的人更有"进化动力"。好人有时确实命短，就像致死率低的寄生虫反而比其致死率高的表亲更容易繁衍一样，这并不让人意外——比如多发于兔子身上的兔黏液瘤病往往会因为这种进化动力的影响，变得越来越不那么致命。根据同样的机制，在一个我们必须团结在一起否则就会被分开的世界里，那些习惯团结在一起的物种总是会表现得更好（请参阅"社会是真实存在的吗？"一章）。

研究大脑的确可以让我们更加了解自己，情绪、幸福、不同心情、欲望、兴奋的神经机制都是值得深入研究的主题，但研究这些主题能够解答困扰我们多年的人性问题吗？还有一个更大的问题。

让我们回想一下在讨论巴黎的林荫大道那个令人愉悦的白日梦时所提出的问题（请参阅"我是机器中的幽灵吗？"一章）。我们可以从大脑的某个部位和我的林荫大道白日梦中找到的唯一的关联就是，如果那个部位被改变或被损坏，或许我的白日梦会发生变化，甚至消失；如果那个部位受到人为刺激，或许我又会重新开始梦游巴黎。或许在高倍放大后，我们会发现，如果这个神经元被激活了，我会看到太阳从巴黎的空中升起了。这确实非常有趣。尽管在实践中，这种高度精确的定位并不常见（通常，哪怕在极其微小的念头中，整个神经网络也会出现更加"分散"的结果）。但无论如何，在这样的结果影响我们对人性的思考之前，我们需要先考虑，心理学并非从结果中推论出来，而是先有了这样的理论，才会如此解释该结果。关于某个部位负责想象巴黎林荫大道的解释，完全要仰赖我们原先就知道这个人确实在想着林荫大道。

正是主体的言行、主体展现在大众面前的行为举止，让我们得以判断他（或她）的感受和想法。即使在理想科学中，大脑的真相也只能通过外在的、可察觉到的言行或文字来进行心理分析式解读，简言之，手所书写的即脑中所想的。

这对某些目的来说也就够了。但如果人们的共同行为使解释存在不确定性或有争议（例如"我们是否都自私"的问题），那么神经生理学本身则不能提供任何帮助。实际上，在某些情况下，大脑活动可能起着辅助作用。如果一个人在自己生气时极力否认，那么扫描他的大脑就可以发现他实际上在生气，这会使我们开始怀疑他的话。但如果他的行为非常平静，他的笑容看起来是真诚的，他的声音听起来很放松，这时候如果扫描他的大脑发现，大脑中的活动模式和正在生气的时候一样的话，我们可能就不知道该怎么判断了；如果没有这些扫描结果的话，或许我们可以通过简单的观察来判断他是不是生气了。这只要想想我们多么容易注意到他人声音中重音的变化，以及他人闪躲的眼神、虚假的笑容或难以抑制的脸红脖子粗的表现，就会明白了。

勇敢新未来？

关于我们的真实动机和真实信仰的问题似乎很难回答，因为我们总想找出行为的普遍法则，却只能发现个体间的差异，而且个体自身的变化有时看起来十分美好，有时却很糟糕。同时，诠释也始终存在不确定性。乔治救下溺水的孩子是出于同情，还是因为他想得到荣誉？贝蒂对阿尔伯特暗送秋波是因为爱他，还是有利可图？有时我们以为自己知道，实则不然，有时甚至可能连行为者本人都不知道，因为我们还远远不能解读自己的行为举止（请参阅"我怎么能欺骗自己？"一章）。有时，甚至可能没有所谓的真正事实。贝蒂不了解自己的想法，或许就连上帝也一样，因为只要涉及阿尔伯特、他的爱、他的一切，贝蒂就会爱得无法自拔。

更重要的问题是，我们是否能够、又是否应该根据科学所说的有关心理想法的机制来改变人性。有人甚至直接说，其实我们已经这样做了，一次改变一个人。当我们教孩子如何社会化，教他们语言，向他们传授财产与承诺、克制与合作、惯例与规范，以及无数他们成年后能赖以为生的技能时，我们就在改变他们的人性了。家长们都知道这个过程非常折磨人。当然，我们也会在教育工作者面前无休止地争辩、更改相关的选择。比如，我们甚至不知道教孩子读书的最好方法，当然可能并不存在所谓的最好方法，只有一大堆的方法，有的适合这些人，有的则适合那些人。

这就是文化的影响。但正如优生学家所希望的那样，原则上，选择育种或基因编辑工程或许能最终改变基因库，并培育出不同类型的人。

几乎没有人会反对我们去消除或抑制基因对某些人造成的身体疾病，最广为人知的遗传疾病或许就是亨廷顿病与进行性假肥大性肌营养不良了。问题在于，我们能否想象这样一种基因工程——不是为了消除缺陷和疾病，而是为了改善人性，就像20世纪人们对优生计划所怀抱的期望那样。我们可以想象，通过优生计划，我们可以培养出更公正、无私、勇敢、聪明、富有想象力、谨慎、幽默、好相处的人。当然，过去的优生计划在不邪恶的情况下，也可能让人觉得滑稽可笑，但我相信，如今很多人都庆幸自己因优生计划而过得更好。过去，他们被噩梦笼罩，但在21世纪，我们只要挥动魔杖就可以驱散噩梦，我们清楚地知道如何实现乌托邦，也有足够的能力去实现。

我认为我们不该盲目乐观。首先，科学严谨是有理由的。人类的正常发展，特别是大脑的发展，大多是受多基因调控的，也就是说，人类的发展需依赖一整套基因。因此，我们就要面对组合爆炸的情况。如果我们25000个基因（甚至更多）中的每一个都能以多种方式与剩下的24999个基因中的一小部分相互作用，那么这中间会产生数百万个潜在的可能性，而想要对它们进行精确的解读，几乎不太可能。相比之下，解开被誉为能为我们带来崭新未来的基因组本身的奥秘显然容易太多了。

如果我们认为基因乌托邦可以免受政治和商业压力的影响，那便过于天真了。例如，20世纪的优生学家为雅利安种族至上主义者，他们对于何为卓越人类有着非常独特的看法。谁能猜出这几个世纪和未来几个世纪里，优生学家又会是什么样子的人呢？资本主义希望通过干预刺激消费者的购买欲望和对生活方式的不满，右派人士倾向于减少对社会公正的关注，左派人士则更关注社会公正。虽然有识之士一直努力呼吁，让孩子们保持善良，发挥智慧，享受应有的快乐，但五角大楼更需要冷酷无情且言听计从的军人，而如果没有五角大楼的支

> 我们必须提防被称为"科学"的抽象概念，它是有见地、有想象力、客观、公正、仁慈的"看不见的手"，我们可以将它留给未来的人。但这种"手"并不存在。

持，制药厂就不会资助抑制儿童过于活泼的研究。换言之，我们必须提防被称为"科学"的抽象概念，它是有见地、有想象力、客观、公正、仁慈的"看不见的手"，我们可以将它留给未来的人。但这种"手"并不存在。

就算不考虑科学和政治之间的复杂关系，也还有很多哲学问题要解决。古代哲学有两个相关的问题源头。其中一个就是苏格拉底关于美德统一的学说，即一个人不能仅仅只有勇敢、公正、慷慨或仁慈等其中一种美德，行使一种美德的同时也需要另一种美德。比如，如果勇敢不只是愚蠢或缺乏想象力，那这种美德就需要觉悟与

判断力。同样，如果勇敢不是过分的鲁莽，那就必须与谨慎、明智同行。其他美德也是如此。不够勇敢的法官也不可能仁慈，因为有时在面对人们愤怒地要求惩罚犯人或实施死刑时需要勇气。陪审团的成员也是如此。

单凭这一点，任何通过基因干预来"改善"人性的设想都令人担忧。你希望人们更友善、更慷慨吗？为了培养出这样的人，我们试图将他们带到友好的环境中，奖励善良的，规劝邪恶的。不过，我们可不可以用神奇的基因工具代替繁琐复杂的文化训练？判断失误的仁慈并不是一件好事。仁慈的父母可能会宠坏他们的孩子，可能会扼杀他们的天性，会过度保护他们，让他们变得娇生惯养、无法成熟。正如亚里士多德所说的，我们需要中庸；又如苏格拉底学说所说的，仁慈必须与判断力、机智、想象力、对他人的尊重及许多技巧一致。即便我们很难对什么才是中庸产生共识，我们也只能朝着那个大方向努力，然后祈祷愿望能够实现。

在经典传统中也会强调的第二点是，在我们这个世界上，事情总是变得越来越难。大多数人在大多数情况下都很慷慨：就连希特勒也会对动物很友善。假设我们发现存在一种基因干预技术，能在任何情况下阻止刻薄的出现。这看起来像是个突破，除非我们追问，它是否也会抑制羡慕、嫉妒、仇恨、野心，更不用说正义了——正是这些特质让我们对某些人不如对其他人慷慨。基因干预似乎很有必要，但受到干预的主体是否还能保持警觉，并且很好地适应公司以及人类可能面临的各种任务呢？或者，他（或她）只是傀儡，只是我们欣赏之物的复制品？我们想要的当然是在适当的环境下，仁

尼德兰的箴言
老彼得·勃鲁盖尔（Pieter Brueghel the Older，1525—1569）

慈得恰到好处的人；但是我们也想要自己已经拥有的，能够通过教育和经验塑造的性格。然而，在没有经验的情况下解决生活中的问题，一点也不比法语盲讲法语，或者在不熟悉的海域航行来得容易。

即使我们把自己局限在优生学自古以来的目标，也就是"提高智力"中，我们依旧有很多顾虑。众所周知，智慧可以用在好的地方，也能用在坏的地方；可以是战略性的，也可以是合作性的。奥德修斯是阿伽门农手下最聪明的人，他凭欺诈、谎言与阴谋赢得了众人的仰慕。但是智力并非一个单一纯粹的特征。在广袤迷人的学术天地中，各个领域都有杰出人士，但在该领域之外，我们可能就不那么相信某个人的权威性了。在研究人员能准确找到基因中的错误因子，并且能在没有任何其他副作用的情况下将其成功剔除前，我们不应该对这种计划抱有太大希望。

正如我在本章开头所说的，对人性的研究同哲学一样古老。这项研究同荷马和奥古斯丁、莎士比亚和普鲁斯特一样古老，又同游戏理论家、进化心理学家、神经生理学家、药理学家、动物学家、经济学家，甚至量子理论学家和工程师的最新观点一样新颖。倾听每个人的声音不是一件容易的事，我们需要时刻小心，但也要对能够拥有如此丰富的材料心存感激。

我是自由的吗？

选择与责任

自由意志的问题很容易被察觉。世界或许是一个具有确定性的系统，也就是说，它在任何时候的状态都是由它最初的状态所控制的，以此类推。这里的"控制"是指根据自然规律以及某种状态，必然会导致后续的状态。

事实就是这么残酷。如果你被困在水下，你就会被淹死；如果你跳到窗外，你就会摔伤。这使我们看起来像某种无助的囚徒，被远在我们出生之前、从时间本身开始就已发生的无限事件所囚禁。

进退两难

我们也可以选择让系统中存在随机性：某些事件会在无法预料的情况下突然出现。人们之所以会有如此主张，是因为量子理论指出，在次原子层集中会发生随机事件，只不过随机事件累积后可能并不明显。假设我们大脑的量子层集中出现了随机事件，随后被放大为随机的动作、思想或选择。但这并非我们想要的。我们不会因为转动船尾舵导致了后续事件的发生而承担责任。如果船尾舵是个非决定性的系统，那无论出现什么结果，我都无法对此负责——也压根儿不存在什么东西能够为此负责。

所以两难的是，自然要么是确定性的，不为自由意志留有任何空间；要么包含了随机因素，同样也不给自由意志留有任何余地。

死胡同

面对如此困境，我们可能会试图找出"我们究竟是什么"这一问题的答案，以此摆脱麻烦。我们可能会想象一个主体、一个积极的人，在完全独立于物理自然的因果事件中做出决定和选择。在这个设想中，主体仿佛置身于自然之外，处于物理、化学因素均无法触及的真空世界中。在这个不受外界影响的地方，他可以依据自己的意愿转动命运之轮，促使某些事情发生。有人认为，我们的普遍自我意识揭示了某种"不受约束"的自由，一种能够从通常的因果序列中脱身的自由。他们说，这就是自由人会有的样子，因为我们常常会意识到自己拥有随心所欲的自由。我将这种想法称为"干预主义的自由观"：自由主体可以干预世界上正在发生的事情，但他自己会这样做，并不是受任何事件的影响。

这种关于自由的想法存在许多错误。如果这就是我们要的自

命运的巨轮（1875—1883）
爱德华·伯恩－琼斯爵士（Sir Edward Burne-Jones，1833—1898）

由，那么我们注定得不到自由。第一个错误在于这种想法与我们对自然的认知相矛盾。物理自然是个因果封闭的系统，首先要有物理事件，加上物理力量，才能促使事件发生，其中就包括大脑中的化学与电学变化，而有了这些变化才能使我们会说话和做出行动。物理事件并非游离于自然之外——相反，自然完全由它们所构成。

假设我们暂时将反对意见搁置一旁，接受二元论者的观点，认为有个"灵魂"或"自我"存在于大脑和身体之中，进而组成了我们现在的模样，即在我们身体的机器中，住着一个幽灵。接下来的问题就是，物理世界（其中包括以电流形式传递的信息、大脑刺激、过去的记忆，以及我们的其他感官）是如何与我们体内的幽灵互动的？这种互动一定是双向的，一定有某些因素对行为主体产生影响。我们毕竟不是在信息真空中随意做选择，而是根据其所创造的环境来做出决定。或许，在我们接收到信息时，仍要在一些选择中做出裁定，这时才有所谓自由。但灵魂也绝不能只造成幽灵事件，它也一定要撸起袖子，让事情在物理世界中发生才行。因此，完整的情况就是：自然为灵魂提供能量，而灵魂则催化大脑中的物理化学作用，这才改变了原本的行动。这种说法不仅令人觉得难以置信，而且也只是规避了自由意志的问题而已。毕竟，灵魂要如何做出决定？灵魂是自身就具有决定性的系统，还是只是随机应对？无论哪种方式，灵魂都和我们一样面临着关于自由的两难境地：究竟是决定好的，还是随机的？尽管多了一个体内的灵魂，我们也避不开自由意志会蒸发不见的两难境。

我们察觉了什么？我们如何行动？

我说过，对一些人来说，将自己想象成机器里的幽灵，来自做出自由选择"是什么感觉"的想法。不过，真是这样吗？可以确定的是，在我们做出选择时，我们其实并未意识到形成这些心理状态的多重过程。我们无法感知大脑里或肌肉中究竟发生了什么。例如，当我们觉得某件事很可笑时，我们关注的只是令我们发笑的对象，完全意识不到笑的动作需要运用到多少肌肉和神经活动。并不是说这些活动不存在，只不过我们察觉不到罢了。如果没有这些活动，我们根本就无法笑，也不能决定要笑出来，这就表示我们根本不会"意识到自由"。我们所能意识到的就只剩这个能采取行动的世界，如果一切顺利，我们还能意识到自己的所作所为。

> 对一些人来说，将自己想象成机器里的幽灵，来自做出自由选择"是什么感觉"的想法。不过，真是这样吗？

如果决定意识无法支持干预论者的自由意志观念，那么我们就可以放弃这种看法，支持现实一点的观点。我们需要的是如何与已知世界相协调的观点，解决办法就是将人类、你我看作自然世界的一部分，而非外来者：人的确是一个十分复杂的物种，但仍与自然界的其他部分一样遵循着相同的法则。我们有接收信息的系统（感官系统）、有处理信息的系统（认知系统），能够将这些信息与已有记忆结合起来，也能为信息添加喜好、厌恶等情感温度，会通过欲求或逃避来指引方向，还会将其推送至运动皮层，使我们做出选择与行动。如果顺利的话，这个系统的集合体就是负责人，要控制系统的运作，也要为其鲁莽、疏忽或其他的纰漏承担责任。

那么，我们的自由究竟由什么组成？简单来说，自由就是会对理由有所回应。"理由"是关于我们所处情况的事实，这些事实会告诉或要求我们做出适当的回应。我们对于理由的回应类似于恒温器对气温的反应，不同的是，我们是多维的。面对复杂情况，我们会将各种复杂因素拼凑起来，或许其中某些因素会将我们引导至一个方向，其他因素可能又指向另一方向。判断与实践智慧的妙处在于以正确的方式做正确的事，并且时常要依靠经验与实践，甚至在某些情况下还要靠运气。

你可能会说，这很好啊，可是在对决策者所做的这段描述中，自由意志去哪儿了呢？这不就和倒宝宝的洗澡水时，一并把宝宝倒掉一样吗？我们不妨假设阿尔弗雷德做的决定真的都糟透了，他的决定总是充满恶意、粗心大意又十分武断，而贝蒂的决定却仁慈体贴、经过了仔细考量，并且思想开明。贝蒂总能把事情处理好，阿尔弗雷德却总把事情搞砸。但为什么要怪他呢？他对此也无能为力——事实上，根据我们前面提过的"两难困境"，该为此负责的事物可要追溯到过去的历史，甚至到深时①。幽默作家、哲学家迈克尔·弗雷恩（Michael Frayn）的这段话将这种失落感表达得淋漓尽致：

过去，我一直觉得自己是个守旧派。乐善好施又泾渭分

---

① 指地球形成之初，大约距今 46 亿年前。——译者注

明，是构成法庭与相关事物的法律基础，是我自己一切行动的主人。现在，我想探寻我的权威究竟从何而来，但却发现我并不是绝对的统治者。我不过是一个幻想人物，一张邮票上的头像，一个我无法企及的王座后面由某种不知名力量写在最底层的名字……就算是我的个人兴趣，也是由那些在我不曾踏足、甚至连入口都找不到的宫殿里的"隐形官员"为我精心设计的。

如果阿尔弗雷德被人按在水里，我们不会怪他溺水而亡。那我们又凭什么因为决定了他会做出糟糕决定的悲惨命运而去埋怨他呢？他难道不也是受害者，是个表面统治着法庭，实际上却由背后无名力量决定的无权君主吗？

如果我们被这些问题压倒了，那我们要么会回到干预论者那种不连贯的自由观中，要么就是质疑自由意志的概念。但我们本不该被这些问题压倒，因为不是"王位背后的力量"让阿尔弗雷德那样做的，而是构成那个王位的力量本身——换句话说，就是构成阿尔弗雷德这个人的那些系统让他那样做的。

承担责任的恒温器

对于阿尔弗雷德要为自己的行为负责的这种想法，我们需要通过更简单的系统来重新考虑一下。我家里的恒温器要对我家的室温负责，这是它所控制的，但它却不会控制我家的气温。如果它出了问题，它就得为温度失调的情况负责，我可能得修理它，或者扔掉换个新的。恒温器不能因为自己无法控制制造过程，就可以不对此负责。这样说无可厚非，但这不是重点。再怎么说，它也还控制着温度，只不过控制得不太好而已。我们之所以责怪恒温器，是因为它没控制好温度，而不是它的结构（这可能要怪另一台机器了）。

通过和恒温器吵架是修不好它的，我们也不能通过威逼利诱的方式让它好好表现，因为恒温器只是个简单的单向机器。但人类却会为威逼利诱所动，我们不仅会对外界的刺激有所反应，也会对我们内心所假想的事情有反应。只是"做这件事会被人看见"这个念头，就足以改变我们的行为了（请参阅《为什么要听话？》和《我们需要上帝吗？》两章）。所以，我们这个社会有一部分是由敦促与矫正、皱眉与微笑、崇拜与反对构成的，如果我对你的恶行表示愤怒，我只不过是扮演了社会中的这一角色而已。如果你还试图跟我顶嘴，我会告诉你要表现得更好的理由。如果你没想到这些理由，或是想到了却不为所动，那就是你的问题了。你可能就像我那个恒温器一样，需要好好地修理一下（如果我知道怎么修理的话），或者干脆把你换掉。我的愤怒是对你的行为做出的反应，但同时也有它的功能。它表示着回绝，而且也可能会让你不再重复犯错，或是让其他人不要模仿你的行为。

> 但人类却会为威逼利诱所动，我们不仅会对外界的刺激有所反应，也会对我们内心所假想的事情有反应。

我们什么时候做决定？

近年来，关于自由意志的辩论引用了大量神经生理学的研究成果。尤其当神经科学家本杰明·李贝特（Benjamin Libet）发现关于行动时刻的证据后，这些证据难免被人视为对自由意志存疑的理由。李贝特通过测量大脑运动皮层或激发行动的部位的电流活动，发现在受试者有意识行动前的约三分之一秒，准备行动的"预备电位"明显增加。受试者在实验中会汇报决定按下按钮的时刻，但是电流测试仪显示，在受试者汇报前，使其按下按钮的神经活动事件就已在进行中了。在许多人看来，这意味着我们的行动并非由自己的意志所左右，而是由我们做出意识决定前的无意识过程左右，就像王位后的不知名力量。

不过，我们不是非得接受李贝特的解释不可。事实上，只有当我们再回到机器中的幽灵的观点时，这似乎又是可行的。我们的自我报告就会被当作幽灵在体内活动的可靠证据，但上文提及的预备电位证明身体这部机器比幽灵还要快，所以，幽灵最后还是什么也没做成！但是，我们也可以换个截然不同的角度来看待这个实验结果：我们从实验中知道的只是受试者做决定晚于大脑皮层活动而已，但也没理由认定我们就是在那个时刻才做的决定，或者在那个时刻才有了意识去做决定。

可以想象一下，在一个寒冷的早上，你躺在床上，隐约觉得自己该起床了。你试着爬起来，但最后还是躺下了，或许你还会再挣扎一下，试着坐起来。最后，在某个时刻，你终于起来了，那就是你最终决定起床的时刻。如果运动过程与之不同，而且在你决定起床之前就开始做动作，这才让人觉得奇怪。这就是你顺利起床的情况。毫无疑问，在你接连几次起床失败、最后又成功爬起来的过程中，一些你并不了解的事情正在发生。这并不是说你没做好要起床的决定，你的确做了决定，也因此应获得称赞，就像如果你一直赖在床上不起来，耽误了早上该做的事的话，你就活该被骂一样。因为我们不清楚究竟是什么让这次的意识活动不像前几次那样失败，可能会有"我这个时候才决定要起床"的想法，好像这个举止神不知鬼不觉地从什么地方冒出来了一样（比较尴尬的是，这就跟有时觉得脑子里的想法是从别的地方钻出来的一样）。把弗雷恩的比喻倒过来就是，做出起床决定的其实是整个法庭：也就是你，包含了各种系统的你。也就是说，做决定的并非那个独立于下属的"统领"，而是一整个政府。

你决定什么时候起床这个问题其实掩藏着困惑，就像"你什么时候赢的比赛"这个问题一样。胜利就在你比其他参赛者都先通过终点线的那刻，但其实从你开跑的那一刻起，你就在为了赢得比赛而拼命奔跑了。你不能用一句"哦，赢了比赛啊，再容易不过了，不过是千分之一秒的事罢了"来贬低参赛者的成功。同样，当你躺在暖和的被窝里，心里知道差不多该起床的时候，你就已经全身心都放在决定起床这件事上了。然后，看！你起床了！或许你都觉得意外，就像你自己都不相信自己赢了比赛一样。

那么，自由意志问题难道归根结底就只是哲学里一句"一切取决于你"的陈词滥调吗？你想完全独立于幽灵之说几乎是不可能的。在整个神经生理系统所构成的政府和我们对于理由的回应问题上，如果你愿意与之和解，那倒是可行的。我想，你应当是愿意和解的。

抱歉，是你的错

对理由有所回应，实际上是我们用以标志赞美与谴责、责任与控制所表现出来的特征。在英国法律中曾经有一条用来断定罪犯是否患有精神病的法条，进而判断他可否获得减刑。而用来断定是否患病的问题就是"如果警察在他身边，他还会不会这样做"。其背后的道理是：如果他不会，那么（a）他大概知道他所做的是坏事，并且（b）他能对诱导原因与遏制原因有所反应——这里指的是一定会被警察抓这件事。如果就连警察在旁边都吓不到他，他还会继续犯罪，那么这种情况才符合减刑的条件。

我认为这个判断原则非常好，也可以广泛运用到精神病之外的情况。一般人在正常情况下，可能比较容易对理由无动于衷。我们会说有些人是"时尚的奴隶"或"传统的奴隶"，就像他们被什么东西牢牢攥住一样：受某些经验或教育（错误教育）的影响，他们会一跟不上潮流，或者一跳脱传统就浑身难受。如果警察在旁边，"时尚的奴隶"可能不会偷衣服，但即使破产了，他们可能还会买衣服。上瘾会让人无法做出应有的反应，所以我们才说这些人自身难保，甚至完全失去理智，才会说没有必要跟他们生气，最后认为该送他们去戒瘾。

这种做法在某些情况下是明智的，但并不适用于所有情况。坚持认为我们自己和他人都负有责任，是我们保持理智的表现。我们习惯于在心里评估该做什么，又有什么理由支持或反对做出某些决定。当我们把愤怒、失望、轻蔑、鼓励、钦佩、赞赏等情绪当作我们与他人在生活中的互动时，就能维系整个社会。我们的实际行动其实并不需要鬼魂般违反因果律的自由，只要我们不将他人和自己看作行尸就够了，或者，就算我们对人类究竟是不是行尸不抱有希望，至少我们可以不要过度猜忌。

我们知道什么？

虚拟现实与评估权威

你知道什么呢？其实，你知道的有很多。我相信，你和我一样，知道自己和父母的名字，知道自己现在有没有躺着，知道自己身处哪个国家，知道谁是现任美国总统，还有很多很多类似的事。

你知道如何剥香蕉，知道它味道怎么样；除非你熬夜过久（这样倒也能让你知道不舒服是什么感觉），否则你也会知道昨晚你人在哪儿。你知道很多能做、不能做的事情，也大概明白一些事情如何发生，比如何打开罐头、如何煮咖啡。你知道有哪些事是你所不知道的，比如你知道你不会说很多种语言，你知道你大概率不会驾驶核潜艇。还有些事情，你虽然不太了解，但你知道要如何找到答案。如果你不知道商店橱柜里都有什么，你可以打开看看；如果你不知道一个人的邮箱，你可以在谷歌上查到，或者干脆问问别人……这些不足为奇的事情就这样充斥在你的生活之中，也尽在你的掌握之中。

怀疑论者

怀疑论者一直以来都深受哲学家的关注，这也不免让人感到惊讶。怀疑论者对世间万物皆持怀疑的态度，并对知识持否定态度。很多人最初是通过阅读笛卡儿的《沉思录》（*Meditations*）而接触哲学的，这本书围绕笛卡儿的假说展开，该假说认为一个人的所有经验或许都是虚幻的，或许他生活在虚拟现实中，他的所有经验和思想均是由一个欺骗他的恶魔灌输给他的。类似的思想实验也为《黑客帝国》（*The Matrix*）等流行电影提供了灵感。虚拟现实的想法已经非常普遍，那么我要如何证明我并不是住在虚拟现实之中呢？我可能只是个被科学家泡在桶中的大脑，他们不断向我脑中灌输各种幻觉；一切的一切，可能都只是个梦而已。所以，或许我可以将问题的主语偷偷从单数形式改为复数形式，也就是从"我知道什么"改为"我们知道什么"，这样就能将问题涉及的范围扩大，而不像笛卡儿的唯我论观点那样，只是自己与自己对话。

即便是冰山一角的怀疑论思想也不过是读书时的昙花一现而已，在我们摇摇晃晃走出书房的那一刻，这些想法就蒸发掉了。当我们走到街上时，或许会遇到问路的人，问我们要如何去某个地方，但绝不会遇到问我们是否在街上的人。即便如此，怀疑论者的思想还是吸引着哲学家们。在一定程度上，如果能驳倒他们的话着实是件好事：若是能有证据证明我并没活在虚拟现实中就好了。这可谓

亚当和夏娃（1526）
老卢卡斯·克拉纳赫（Lucas Cranach the Elder，1472—1553）

是哲学家的梦想了。但我不打算现在讨论这一点，返回到"我们"的问题上来，更激进极端的怀疑论暂且留到后面再说吧。

日常知识与"波坦金谷仓"

关于"我们"的问题会在政治和经济方面给我们带来很多问题，例如，当人们问经济学或精神分析是否是科学时，其实他们真正感兴趣的是，经济学上的预测和人格心理分析到底靠不靠谱？这些分析是基于经济、心理的运作方式产生的，还是仅仅套用理论，随后胡乱推测出来的？这些问题并非毫无来由：它们决定了谁能获得高薪工作、谁的意见更具参考性，以及人类到底应该朝哪个方向发展。但是，如果连知识论上的曙光——一个与知识结构及其范围、界限的故事——都看不到的话，我们就无法解决这些问题。

同样，法院可能需要裁定"神创论科学"究竟是否属于科学，以及该理论是否可以在校园中进行传授，同时，也需要搞清楚其在进化史与正统生物学领域中是否真实存在。因此，知识论真的非常重要。

柏拉图最先为我们所说的"知识"提供了解释，他认为知识包括以下三个部分：你相信什么是真的，它究竟是否是真的，你能否罗列出证据证明它的真实性。他还认为以上信息能说明你是否真的知道这一知识。不过为什么要有第三条呢？为什么不能是只要你坚信它是真的，那就代表你知道、了解了呢？柏拉图的意思是，你可能是运气好，碰巧蒙对了，但这样还远远不够。不过，这同时又引发了更加棘手的问题：你很有可能是凑巧知道某些事情，你恰好在对的时间、对的地点知道了真相。而且，你完全有可能、有理由相信一些只是凑巧正确的事情。

假设你在路边看到一个谷仓，你也认为那就是个谷仓，当然，你完全有理由坚信那是个谷仓，因为你在看到谷仓的时候是能够辨认出来的。但你不知道的是，其实你走进了"波坦金谷仓"世界：这些其实都是好莱坞工作室搭建出来的假谷仓。[①] 若你所看见的，恰巧又是那个唯一的真谷仓，这时即使你觉得你的想法是正确的，也有合理的证据，但实际上你并不是真的知道你看到了谷仓。这个例子最早是由哲学家埃德蒙德·盖蒂尔（Edmund L.Gettier）[②] 提出的，也由此引发了大量关于可靠性、合理性的讨论，我们的想法是否以正确的方式反映出了事情的真相也是话题之一。自此之后，几乎所有的哲学家都被困在"格蒂尔问题"而争论不休。

为了理清思路，我们最好先想明白建立知识概念的初衷究竟是什么。我们可以假设自己身处一个相对简单的环境中，比如石器时代，那么我们最好能够确定老虎的位置。再假设部落里有一个人，名叫乌格。乌格说了老虎所在的位置，我们会想对乌格的判断抱有信心，希望乌格可靠。也就是说，乌格最好不是瞎猜的：这也就是

---

① 格利高利·波坦金是俄罗斯帝国凯瑟琳大帝的一位大臣，波坦金在凯瑟琳大帝巡访的时候搭建起假的谷仓，打造出硕果累累的假象，以此欺骗她并营造征服克里米亚的价值。
② 埃德蒙德·盖蒂尔（Edmund L.Gettier, 1927—2021），美国哲学家。1963 年，他发表了一篇只有三页纸的简单论文《受辩护的真信念就是知识吗？》（*Is Justified True Belief Knowledge?*）（即"格蒂尔问题"），引起了广泛讨论，他从此声名大噪。这篇论文也成为认识论领域中的重要文献之一。

柏拉图原本观念中正确的地方。乌格应该做了让他成为优秀情报提供人的事情，我们也大概了解他具体做了哪些事情，比如他应该曾经在某个位置看到或听到过老虎出现。反过来说，如果老虎并不在乌格所说的地方，那么这些关于"老虎在某地"的说法就不再是证据了。作为听从乌格之言的人，我们需要明白这些。同时，乌格需要心知肚明的是，他的所见所闻、他口中所说的事实都是表明老虎所在位置的证据。

经验与证据

像笛卡儿这样的哲学家会将单纯可能性误当作真实可能性吗？笛卡儿确实这样做了，但我并不认为他哪里做错了，毕竟究竟什么样的可能性才是真正相关的真实可能性还要根据背景环境具体问题具体分析。出于某些实际目的，我们忽略了许多可能性，在理论上我们或许又希望能多考虑一下，比如书中提到的：时间反转、僵尸、无人见证的场景、自然法则失效、时间旅行。理论的目的通常并不是要怀疑我们所获得的知识，而是迫使我们思考我们的感官信息、信息处理能力、记忆，以及其他认知功能是如何运作的，让我们在使用这些能力的同时，也能了解它们。

我们以感官经验获取的对经验世界的认知，很容易就转化为对于特定命题的信心。做到这一点非常容易：看到红色的谷仓，我们会毫不怀疑地立刻认定它就是个红色的谷仓。但是如果换成我们不那么确定的东西，我们就会发现在这个判断的过程中忽略了一个步骤。如果我看到一个紫红色的谷仓，由于我不能完全确定怎样的色调才算是紫红色，我可能就不知道那是什么颜色的。再如果，我听到钢琴弹出一个音符，由于我不懂音乐知识，也就完全无法判断之前所听到的是哪个音符。这个过程或许纯粹只是因果关系：某些进入我视线范围内的事物让我开始对它做出准确且可靠的判断，认定事物不是这样就是那样的。但可惜的是，或许你在听到音符后可以轻易地做出准确的判断，而我却做不到。

有些哲学家反对这纯粹是因果过程的观点，坚持认为经验和判断之间的关系应当是一种正当关系，他们称纯粹的因果过程并不能成为我们相信任何后续结果的正当理由。如果我被打到了头，我可能会觉得自己在月球上，但这并不意味着我的想法是正确的。毕竟，我们的经历往往就是证据的终点。我们希望"我看见他了"能够成为我坚信杰西·詹姆斯是抢劫犯的证据，同时也能为我的言论佐证。不过，我认为应当更加小心谨慎。如果我五音不全还声称听到的音符是中音 C，那么一句"我听到了"也不能作为我判断的证据。只有当我准备充分或音准正常了，换句话说，只有经验中的正确因果刺激能够让我正确判断出那是什么音，此时我的判断才有价值。如果我坚称自己在街上偶遇了一位名人，除非我对这位名人本身就非常了解，而且也经得起细细考究、逐一测试，就像指证罪犯似的，这样我所说的才是真的。如果要我相信某个仪器上显示的数值，以电压表为例，我只有看到数值能够依据电压的上升、下降而出现变化，才会相信电压表显示的数值。同样地，只有当我成为一个经过精准校对的仪器，也就是说，只有当我掌握了可靠地诠释自己经验的能力，我才能通过自己的所见所闻来终止那些对于我如何获得知识的质疑。

经验，正如其本身那样，究竟能否被视为有待我们诠释的材料呢？这其实是个有趣的问题。大多数哲学家都认为可以。一种经验显然会制约其他经验：在我们的大脑熟悉、理解周围的某种语言后，我们所获得的经验也就不同于听到新语言的时候了，其他感官也是如此。但从知识理论层面来看，在获得经验之前，不论我们是无意识还是有意识地做了诠释，都没有太大的差别，还是越可靠越好。

> 经验，正如其本身那样，究竟能否被视为有待我们诠释的材料呢？

瑕疵与失败

在通常情况下，我还是比较可靠的，但一旦有了其他心理状态，我就会变得越来越不可靠。当人们情绪高涨、受到错误暗示的时候，以及在不寻常情况下分心或承受外界巨大的压力时，都会变得不可靠。信念是会传染的，不论目击者多么自信，在讲述自己所看到的一切的时候，都可能被别人所说的内容所干扰。并且，我们更倾向于认为自己在其他种种判断范围内比实际上的表现更加可靠。有时我们甚至会低估经验的直接诠释：在魔术表演中，我们的眼睛让我们相信自己看到魔术师从耳朵里掏出了鸡蛋，但如果我们真的就这么信了，未免有些不理智。我们通常会引入自己对世界样貌的认识，并借此抗拒自己眼睛看到的信息。经验虽是信念的常态基础，但有时不得不为一般性知识让路，毕竟那是由更长久的经验累积而成的。

当某一个认识论为我们的经验提供了立足点时，如果能再有一个独特且权威的真理传递系统就再好不过了，这样我们就能在其基础之上建立更广泛的概念与理论、解释与预测。毕竟我们不会像过去那样每次都套用不同的框架对世界进行分门别类，而是进行概括、预测，这也使得我们能够掌控自己的生活，让我们的反应与计划更有条理。不幸的是，哲学家们总是奢望能够从一些琐碎的陈词滥调中找到什么规则。我们绝不能妄下结论，也不能对已知事物的最佳解释后知后觉。我们需要不断进行测试、实验，从中获得的证据还可以检验我们先前的解释。不过，我们期望越高，就越有可能失败：在很多情况下，当我们面对超出日常熟悉事物时所做的大胆猜测都是错的。我们基本上无法将明智的感知与判断能力写成规则，而这也正是编程计算机在处理其编程范围外的问题时那么困难的原因（请参阅《机器会思考吗？》）。

对于我们这种困境，提出最具影响力观点的理论家非卡尔·波普尔（Karl Popper）① 莫属，他最著名的主张就是将科学方法描述为"大胆猜想，严格检验"，这是在达尔文式的演化过程中淘汰掉其他竞争理论而留存下来的。波普尔自己其实并没有能令人满意的检验理论：有时他似乎认为能否将检验测试当作否定一套理论的方法是

---

① 卡尔·波普尔（Karl Popper, 1902—1994），英国科学哲学家。提出批判理性主义与"猜想—反驳"的科学知识观，反对证实方法与归纳主义，认为假说不能最终证实，但可以证伪。主要著作有《猜想与反驳——科学知识的增长》等。

一个常规问题。他的观点所产生的另一结果，就是没人能证明究竟哪个理论只是暂时成立的，只能说还有待更多测验来检验。如果真像他所说的这样，那么第一个问题是，就算是得到了结果，我们同样无法保证实验操作是恰当的，我们甚至可以对该理论进行随意篡改。实验测试本身就是一项理论负载的活动，需要对其中各个方面都抱有信心（这一点在先进科学中体现得更加明显，因为其中的实验测试都需要极其复杂的仪器，而这些仪器显示的结果又需要十分复杂的理论作为支撑说明）。

波普尔的说法还有另一个问题，除非科学理论在竞争中胜出能够增强我们的信心，否则我们可能做不到像实际上那样相信理论。我的 GPS 定位系统能够告诉我我所在的位置，这是一个大胆且未经假设的猜想。但是除非我相信它，否则我没有任何理由花钱置办一套 GPS 定位系统。如果部落里的人不相信乌格关于老虎的所见所闻，认为那只是猜测，那么他们在出门时就不会刻意躲避那个灌木丛。我的航班起飞后，我可不希望"大胆猜测"它应该可以和塔台保持联络，我需要百分之百的确定，因为我们需要让自己相信的事与事实相符。这就是黄金标准，不管是知识还是真理，皆是如此。

这一点也让我们更能看清像经济学这样的学科是否为科学。经济学对未来将发生的事情做了许多可经受检验的预测，但预言家做的也是一样的事（除非像特尔斐神谕①一样模棱两可、闪烁其词）。

---

① 特尔斐神谕，古希腊位于特尔斐阿波罗神庙所发出的神谕。人们无论为公为私，凡遇难题，皆来此征询神意，由女祭司坐在三脚金鼎上传达神谕。其回答模糊晦涩，可作附会解释。

从旁观者的角度来看，这似乎都是错的。

那么，从这一连串的考虑来看，我们要如何面对怀疑主义这场噩梦呢？我可能是孤身一人活在梦中吗？不，这只不过是个极不寻常的可能性罢了。如果真有这种可能，那么我们在大部分的日常生活中都可能会忽略它。如果我无法排除这种可能，那一定是因为我从最开始就无从下手。这个问题就是一个典型的看似合理却暗藏诡诈的问题，让人完全无法解答。一旦我们开始找理由排除这种可能性，怀疑主义者就会拿"你怎么知道"这样的问题来搪塞，循环往复。如果我们不想跟他们玩这个"游戏"，那的确可以找到许多能排除这种看法的东西：我脚下坚实的土地证明了我没有在做梦，而其他人的言行举止也是我并非孤身活在梦中的佐证。

我们是理性的动物吗？

理论与实践中的理智

哈姆莱特说："人类是一件多么了不得的杰作！多么高贵的理性！多么伟大的力量！多么优美的仪表！多么文雅的举动！在行为上多么像一个天使！在智慧上多么像一个天神！"[1]他将理性视为高贵的特殊标志，视为近乎神圣的东西，他的观点受到了哲学家们的广泛赞同。

自柏拉图与亚里士多德以来，我们总是将理性视为人类至高无上的荣誉：这是将我们与其他低等动物区别开来的关键所在，甚至是受神明恩惠的特殊标志。

阴影

理性有两大类：第一类是理论理性，第二类是实践理性。我

---

[1]　引自威廉·莎士比亚著、朱生豪译的《哈姆莱特》，国际文化出版公司，2017 年。——译者注

们用理论理性来调整自己对世界的看法以及自己的行动，旨在获得认知或是获得对事物现状的了解。与之相对，实践理性则是选择行动：根据我们的认知、顾虑与欲望来调整我们的行动。理论理性类似于航海家手中的地图，地图会告诉人们陆地上都有什么，但是却不会告诉我们要往哪儿去，正是顾虑与欲望让我们走上了这条或那条路。

一些怀疑论者怀疑理论理性就是理性的全部。当那些明显具有说服性的推理推断出我们不想要的结论时，我们很可能会想抛下理性所提供的最佳观点。因此，当有人抨击某个教义所宣扬的观点远远超出或违背了理性而无法得到验证时，那些宗教辩护者就会以"理性并非完全可靠"来进行反驳。在他们看来，对那些荒唐之事还能怀抱信心或许是件好事。而包括大卫·休谟（David Hume）[1] 在内的一些人则认为，当我们对理性本身进行推理时，我们难免会对自己辨别真伪、洞彻事理的能力感到悲观与绝望。

还有一些怀疑论者则对实践理性的作用持怀疑态度。与感性行为相比，理性行为更好，这一点没错，但现在的普遍观点认为，我们所有的决定几乎都是在"情感"或感性机制的控制下做出的，有些结果被认为是好的，而有些却被认为很糟糕，这些决定进而被用来操控我们的行动。这刚好也表明，我们的种种举动其实都由情感和欲望触发，也可以说是那个过去常常提及的词——激情。

---

① 大卫·休谟（David Hume，1711—1776），英国哲学家、历史学家、经济学家、美学家。其认识论思想对康德有直接影响。著有《人性论》《人类理解研究》《英国史》等。

牛顿（1795）
威廉·布莱克（William Blake，1757—1827）

先验与后验

在传统哲学上，理论推理可分为"先验推理"与"后验推理"两类。先验推理就是，不管是谁，只要能够理解推理内容，就能看出推论成立。举例来说，"如果一个房间中有三个人，那么房间内人数大于二"，这就是先验推理。能够理解的人不会对此感到疑惑，我们也不必真的去房间里数人数再接受这一条件命题（即"如果……那么……"命题）。逻辑和数学是先验推理最主要的例子：从"房间里有三个人"推论出"房间里有多于两个人"，这个例子虽然看起来普普通通，但却是不可推翻的数学论证。如果我的朋友不是在中国就是在印度，而我又了解到他并不在中国，那么逻辑就会让我推断出他身在印度。相反，如果推理需要依据真实情况而进行，那就是后验推理。从前，人们需要乘船从伦敦到纽约旅行，但近些年，这个推理不再那么可靠了，因为人们很可能改乘飞机旅行。后验推理向我们展示了如何运用已知事物以及关于世界的信仰，并且不论在原则上还是在实践中，均可进行更改。

先验推理在哲学界引发了不小的争议。我们是通过感官来发现大多数的事物，了解大多事物真实的模样的。如果不凭借经验，我们又要如何进行合理推断呢？推理能力或许是我们与生俱来的，进而可以说，有些逻辑和数学理解力也是与生俱来的。但尽管这些倾向是天生的，但这并不意味着它们就有多么值得信赖，因为我们极有可能就是被"设计成"总犯错的冒失鬼的模样。有些人认为，先验推理从本质上说是没有意义的，它只不过是人为制定的某种传统和语言规则，用来教小孩子学习母语罢了。我们能根据房间中有三个人推断出房间里的人数多于二，如果这样的先验推理也能让哲学家感到困扰，我们或许可以说，这就是数学语言的运作方式。就好像不会有人觉得"今天是星期一，那明天肯定就是星期二"会是多么奇怪的一件事一样，毕竟我们就是这么给一周七天命名的。数学为什么能如此良好地运行，或许就是下一个值得思考的问题。但事实上，数学规则是由我们决定的，就像一周七天的命名，抑或是国际象棋中国王处于被将的地位一样。

尽管真的有人支持先验推理的约定俗成理论，但它实在是有些不切实际。先验推理之所以广受关注，是因为它是无法变更的。或许我们可以在使用语言的时候改变语言本身，甚至可能完全失去使用语言的兴趣，但无论我们对语言做出怎样的变动，7 加 5 还是会等于 12。传统与游戏规则是我们能够控制改变的，但数学和逻辑就像花岗岩一样一成不变。此外，当之前公认有效的先验理论遭到质疑时，就会触发知识领域的大地震。当欧几里得几何开始具有其他可能性时，我们就不能再理所当然地认为平面上的三角形内角和必定等于两个直角的和，这在数学界会引起剧变。曾经有个说法是，如果甲对"这两个事件同时发生"做出了正确判断，那么当乙认为"这两个事件并非同时发生"时，他一定错了。但当阿尔伯特·爱因斯坦（Albert Einstein）[①]说这并不一定成立时，也就掀起了物理学界

① 阿尔伯特·爱因斯坦（Albert Einstein，1879—1955），物理学家。提出了光的量子概念，创立了狭义相对论、广义相对论等。相对论的观念和方法对理论物理学的发展有极为深刻的影响。因理论物理方面的贡献，特别是发现光电效应定律，获 1921 年诺贝尔物理学奖。其文稿、著述集为《爱因斯坦全集》。

的革命。这些变动其实向我们展示了远比单纯替换某种语言规则或传统更加重要的事情。

事实上，这些变动也为我们提供了一种截然不同的思路——先验推理并不可靠，并且我们无法明确地将先验、后验区分开来，只能简单区分其核心部分及依附程度。因此，我们称之为先验的那些主张与推理，只不过是我们不想放弃的观点，或是当整套科学理论在面临特例出现与理解压力时，只有天才科学家才能解释得通的东西罢了。先验理论并非不可挑战的谕旨圣书，不过是我们碰巧最依赖，或者是在思想史上某个特定时空中最依赖的东西罢了。要从一般逻辑或数学的框架跳脱出来很难，而要从欧几里得几何或非相对论的时空框架跳脱出来一样很难，只因为我们坚信那些困难重重的事情压根儿不可能是对的。但我们所说的"不言而喻"的东西，或许正是我们的心智经过反复教导，在某个特定的时间显得明显的东西而已。

预言

当我们将目光转向后验推理时，我们看到的则是更加脆弱、不堪一击的画面，只剩下暂时的信心了。导致这一切的"害群之马"就是我们那盲目的自信，它使我们将从狭隘时空当中获取的断断续续的经验，延展成事物本身更广泛、更具有概括性的真理。我们在过去的时间里见证、体验了这个世界的一些片段，但我们却相信所谓的"自然法则"，相信万事万物在过去、现在、将来亘古不变发生的模式。我们可能会秉承谦虚谨慎的态度，不会盲目自大地对未知的事物做出预测，比如说经济或天气方面。但我们完全相信太阳系将持续运转，相信重力将始终存在，相信各大天体将凝聚在一起，而不是自发飞散，相信今天让我们免于饿肚子的面包明天一样可以让我们果腹。我们生活中的这些状况就像其他动物的生活状况一样，似乎都是以这样的观点为基准的——在我们经验中成立的事情在其他方面也一样会成立，而且是在我们出现前早就成立了。换句话说，这些都是建立在自然齐一性之上的（请参阅"为什么事物会一直存在？"）。理论程度更高的科学推理会增强我们的信心，会让我们认为这些事物的运作模型是正确的，或是相信那些解释只要是简单且自然的，那更可能是正确的。这些信心决定了我们所谓的"合理"，但这与步履蹒跚又无所畏惧地踏入未知领域有何区别呢？如果是这样的话，我们还能相信这种信心所判断出来的合理信念吗？

实践理性

另一个容易让我们谈到理性的主要领域，就是理性与实践理性的关联。这里的理性与信仰无关，而与行动和感觉、情感和态度有关。让布莱恩停止吹奏小号的原因是会吵到妹妹安；而安的痛苦则是西塞莉同情她的原因。布莱恩的父母介入处理兄妹二人间的矛盾是合理的，但如果他们将布莱恩关在地下室一整晚就不合理了。我们说这些话的同时也表达了我们自己或赞同或批判某些行为、选择，以及我们对事物的态度与立场。对于他人在不同实际情况下做出的反应，我们也会表示赞同或批判。我们在这里选择的理由体现了我们的实际立场——包括道德立场以及伦理立场。

如果这些赞同与批判本身也像人类与生俱来的共同权利——理性本身那样，具有绝对的权威就好了。但不幸的是，尽管一代又一代的哲学家们费尽心思，使之成立的可能性还是微乎其微。批评布莱恩不讲道理，实际上就是在批评他这个人，但也仅此而已，尤其是当我们无法指出他究竟哪儿错了的时候。既然这样，在"布莱恩吹小号吵到安"的事件当中，我们认为可以归咎于布莱恩不够敏感。但布莱恩不会这么认为，他可能觉得是安过于敏感了，或者安只是想通过这种方式博取父母的关注和同情，除此之外，当然也有其他的可能性。对布莱恩来说，他可能很难设身处地为安着想，但这不是因为他蛮不讲理，而是因为他缺乏想象力——毕竟对他来说，小号的声音十分美妙动听——或者，布莱恩也欠缺些同理心，不知道有个爱吹小号哥哥是什么感受。简单来说，布莱恩的问题可能在于他的心，而非他的大脑。他既没有像那些自相矛盾的人那样的麻烦，也不是那种完全与世界脱轨的人。事实上，他可能什么问题都没有：他的自私、麻木、欠缺想象力，对他来说可能是好事。但不幸的是，在商业或政治等很多人类活动当中，麻木、顽固、自私、无趣并不像勇敢一样受人推崇。

这列思想的火车一旦启动就停不下来，可以说是非常让人不安，它击溃了那些有关人类思考及行为的既定且权威的已知概念，撕毁了我们所要遵循的无形剧本。取而代之的则只有偏好与意志的任意冲突，当人们自己的感受与他人的感受不同的时候，就可能对别人产生敌意或者对别人失望。大卫·休谟是第一个提出此观点的人，他认为，"理性是、也理应是激情的奴隶，除了服务与遵从激情的指令，别无他用"。休谟的观点触发了人们心中形形色色的恐惧——虚无主义、怀疑主义、相对主义等——这些恐惧也困扰着后来的包括伊曼努尔·康德（Immanuel Kant）[①]在内的哲学家们，直到今日仍然如此。

康德回应这些恐惧的办法是，试图证明所有行动的实际发出者都必须接受一条或多条准则。准则就是行为举止的原则，比如"己所不欲，勿施于人"或者"达成共识"等。他旨在证明，当一个人蔑视或无视某些原则时，就会失去行为者的根本要素。康德认为，如果你不能在采取行动时要求别人也按照该原则行事，就等于违背了"纯粹实践理性"。这一说法极具吸引力，就像"宽以待己，严于律人"的观点一样，也有让人不敢苟同之处。如果一个人认同国家应当向人民征税，而自己却不纳税，或者他希望大部分人在大多数情况下都能真诚，但自己却在需要的时候说谎，这样真的非常不得当。康德至少指出了我们对彼此的期待，以及一般意义上好公民的形象。

不过，这些美好的想法也不免让人存疑。它们真的是理性的佐证吗？还是只代表了我们对好公民的期待？再或者是我们心知肚明的对于实现美好生活所必需的原则而已呢？对康德学派的学者而

---

① 伊曼努尔·康德（Immanuel Kant，1724—1804），德国哲学家、德国古典唯心主义的创始人。主要著作有《纯粹理性批判》《实践理性批判》《判断力批判》等。

言，最具说服力的例子非"虚假承诺"莫属。如果我答应别人某件事，但其实心里并不想去做，那我就是做了一件自己不想让别人做的事吗？因为如果他们也这样做，那么许下承诺与应允承诺的意义都将土崩瓦解。如果每一个"承诺"后面都加上"如果我愿意这样做的话"这个条件，那么承诺便不再值得信任，甚至根本不值得再说出口。这种社会纽带的瓦解将会是毁灭性的灾难。但即便如此，也有人持有不同观点。他们或许会认为这正好是一个没有社会束缚、只有自由的黄金时代，或是认为这就是像冰岛传说中描述的那种自力更生、魅力四射的生活，不必受法律约束，也不用遵守行为规范准则。我可以肯定地说，任何崇拜或是向往这种状态的人都是不理性的。事实上，这也正好表明我对于这种社会的恐惧与不安；换句话说，这种否定不是纯粹理性的必然结果，而是情感上的反感。

还有一种情况是，有的人会去做他人做不到的事情，不过他们并非"不理性"，也不是毫无缘由就这样做。我最喜欢举的例子是：每个月都为信用卡还款，虽然是件合乎情理的事，但却不是人人都会接受的事，因为如此一来，发卡银行就无法从中获利，也就无法维持下去了。

基本倾向

休谟本人其实一点儿也不受虚无主义、怀疑主义或者相对主义困扰，他认为能够让我们保持行为举止得当的，是人性中的基本倾向，而非理性。他的观点是，人天生厌恶让自己不舒服的事物，比如疼痛、疾病、苦难、伤残、身不由己或不被尊重；而人们自然会青睐那些对自己或他人"有用或友善"的特质，比如快乐、善于交际、礼貌、聪慧、灵巧，特别是仁慈。这些自然倾向会催生一种力量，可以将我们塑造成为人们所接受的样子，也告诉我们，什么样的人值得喜欢、什么样的人该被讨厌。亚当·斯密（Adam Smith）[①] 曾在其作品中表示，我们会"内化"相同的声音，当意识到自己的所作所为会遭到他人的批评时，我们会非常不安。我们的品味、处境与需求不尽相同，因此，很难保证所有人都遵循同样的道德准则。不过，如果能让大家认识到品行端正的核心与意义所在，那倒是有机会的，因为那其实是"全体人类"所拥护的，或者说，因为人的聪明良善，才让人感谢这些行为倾向。

那么，理性难道与良好行为无关吗？对我们自身行为处境抱有正确的信念是做好一件事的关键，而从熟练掌握经验的角度来看，理性当然也是我们做出良好行为所必不可少的。从反思的意义上讲，理性也可以让我们看清为什么有些行为受人崇拜，而有些看似相同的行为却遭人唾弃。我们如果不对自己的处境进行反思，不对我们自认合理的大道理进行反思，就无法做得更好。

从以上论述中可以看出，关于实践理性和该相信什么的推理几乎是站不住脚的，但实际情况并非如此。在政治和实务当中，科学家们的推理都极具权威性，但当涉及人该做什么的时候，科学家

---

① 亚当·斯密（Adam Smith，1723—1790），英国古典政治经济学体系的建立者。1776 年发表其代表作《国富论》。主张自由竞争，对英国经济政策曾起过重大作用。

们的权威性就大打折扣了。当有人跟你说要有礼貌、尊重他人财产时，不仅仅叛逆的青少年会轻蔑地反问一句"谁说的"，商人也好，世界上的其他人也罢，都好不到哪儿去。当他们告诉别人该做什么时，经常会换上一副保守又专制的面孔；但当他们自身受到质疑时，他们又会立刻切换到怀疑论的立场，即使这些行为在道德上的错误不如逻辑错误严重，也一样会如此。例如，一名公共健康与医药委员会的委员可能会接受以下三点：（1）药物政策应旨在保护人民健康；（2）酒精对人体的危害大于大麻；（3）大麻违法，但酒精合法。但他可能丝毫不会为此感到可耻。实际上，这就是英国、美国及许多国家的现状。只有哲学家，还有那些受法律条令困扰的人才会因此而暗自神伤。

我怎么能欺骗自己？

自我欺骗、诱惑与动机

很难想象，我会做出欺骗自己这种事，其他人或许也是这样。妈妈知道她的孩子比较淘气，但又会坚决、真诚地打消这个想法；银行家明知投资借贷风险很高，但还是坚信自己能赚上一笔；喝了酒的人明知自己酒后不能开车，但还是再三坚持称自己没事。

在大多数情况下，我们中有太多人都生活在自我欺骗的虚假泡泡中。宗教思想家强调，自我欺骗的警钟一直鸣响着。他们认为，我们必须坚决抵抗。特尔斐神谕上的名言"认识你自己"，暗示了做到这件事究竟有多难；诗人罗伯特·伯恩斯（Robert Burns）[①] 则感叹我们无法像他人一样清楚地了解自己。那么，如果自欺欺人真是如此普遍，这又会造成什么麻烦呢？

---

① 罗伯特·伯恩斯（Robert Burns, 1759—1796），苏格兰诗人，也被认为是苏格兰的民族诗人，他创作了许多苏格兰人喜爱的诗歌和歌曲。

既是施害者又是受害者

问题在于，如果从字面意思来看，欺骗自己的人似乎既是施害者，又是受害者。如果他是有意而为之，那么身为施害者，他就应该知道"我现在不该开车"，他大概会有这样的心路历程："如果我相信我不能开车，我会感到羞愧、沮丧、难过，所以我最好不要这么想，那就由我来告诉自己'喝酒不能开车'这话是错的吧。"随后，他卸下施害者的面具，瞬间变成了受害者，接收到自己可以开车的信息，并且欣然接受。这似乎是自相矛盾的：一个人怎么可能在知道自己不适合开车的同时，又坚持觉得自己可以开呢？因为如果是真的欺骗，那对方应该不知道真相才对。你不能在我耳边小声对我说我不识字，因为我知道自己是识字的。但是在自我欺骗的行为中，当事人明知真相如何，却又骗自己事实并非如此，反而劝自己相信实际情况就是自己想的那样。

让－保罗·萨特（Jean-Paul Sartre）[①]的著名言论将这个问题说得很清楚：

> 作为一个欺骗者，我必定知道身为受骗者的我所不知道的真相。更有趣的是，我一定十分清楚地了解真相，才能更小心地将它藏起来，不让我自己知道——这并非发生在两个不同时

[①] 让－保罗·萨特（Jean-Paul Sartre，1905—1980），法国作家、哲学家，存在主义主要代表之一。获1964年诺贝尔文学奖，但拒绝接受。主要著作有《存在与虚无》，剧本《苍蝇》《隔离》，小说《恶心》等。

刻的事，因为这样可以让我们能够在同一架构之上，再建立起一套双重表象。

萨特所设想的一般情况中所欠缺的"双重表象"，可能就是在一个人欺骗另一个人的过程中塑造出自我欺骗模式。如果我们花时间仔细想一想就会发现，或许这真的是正确的。布莱瑟·帕斯卡（Blaise Pascal）[①] 著名的"赌徒论证"就是个标准的自我欺骗的例子。"赌徒论证"就是说，如果你相信罗马天主教的教义，那么你可能会获得很多，而且不会失去什么，这是稳赢不输的事情。但无论如何，还是很难让人去相信那些信条。那么怎么办呢？帕斯卡的解决办法就是让自己亲身经历一遍：去和神父和老妇人交谈，让自己置身整件事里，最后也就会相信了。这是一个主动自我欺骗的过程，耗时很长，但也并无矛盾可说，因为你在任何时刻都不会既相信这些教条，又不相信。如果这个办法奏效的话，你就可以将自己转变成另一个人。但在存在悖论的情况下，我们在乎的是在同一时间上，于行为者本身而言，究竟什么才是真的。

小矮人

有些作家认为我们应该坚持萨特的二元论，主张将心灵分为两

堂吉诃德
杜米埃（Honoré Daumier，1808—1879）

个子系统，它们各自有自己的迷你心理。因此，在前面提到的酒驾司机事件中，或许存在一个系统 A 对醉汉无法安全驾驶这件事（我们姑且将其称为"坏点子"）感到焦虑，而另一个系统 K 虽然知道"坏点子"的真实面目，却因为保护性极高，能够设法让系统 A 浑然不知"坏点子"的存在。这种理论中最著名的非西格蒙得·弗洛伊德（Sigmund Freud）[①]的观点莫属，他认为，无意识的"压抑"机制会将自己厌恶的想法从有意识的思想中驱逐至无意识的一面。在这种情况下，系统 A 就是思想中有意识的一面，天真且易被骗，而系统 K 则是无意识的一面，精明且狡猾。这就是将你或我这样的个体一分为二，在心理上分别扮演小矮人或行为者的角色。

这一观点的问题不在于无意识的想法，因为我们的想法中其实有很大一部分都是无意识的。我有"在自然情况下骆驼不会在西伯利亚出现"这种想法已经很久了，但直至现在我突然想要将它拿来当作例子之前，我可能都不会意识到自己有这个想法。

其真正的问题在于，我们必须假设这些小矮人或次级系统的存在。因此，系统 K 不仅知道"坏点子"的存在，还会设法保护系统 A，不让它相信"坏点子"。系统 K 最常采取的方法是让主体忽略"坏点子"的证据（比如：当我累了的时候才会毫无思路；谁都可能在地毯上摔倒；我不是在胡言乱语，而是在模仿肖恩·康奈利……），或者会编出一些想法与之对抗（比如：白酒几乎不含酒

---

① 西格蒙得·弗洛伊德（Sigmund Freud，1856—1939），奥地利精神病医师、心理学家，精神分析学派创始人。著有《梦的解析》等经典作品。

精；如果吃了饭，酒精就没什么影响了；这些酒杯的个头真的很小……），它还可能会让我把注意力转移到其他地方（比如：快看那边那个女孩），再或者试图混淆这个问题（比如：这样迫害驾驶员实在是太过分了——国家这样做未免管太多了；为了所谓的健康和安全，简直是着了魔……）。然而，行为者本人对这种自我欺骗行为毫无察觉。马克·约翰斯顿（Mark Johnston）在一篇极具影响力的论文中曾尖锐发问："这些欺骗行为者的次级系统难道比行为者本人还能喝酒吗？"

另一个问题在于系统 K 欺骗系统 A 的动机。对同时拥有系统 K 与系统 A 的行为主体来说，即使他不愿意面对"坏点子"，也仍然要去面对。所以系统 K 的动机绝不是将行为主体的利益放在首位，如果它能考虑行为者的利益，它就会直接取代系统 A 的位置，控制住这个蠢蠢的受骗者，让行为者乖乖交出车钥匙，不去开车。那么系统 K 到底为什么会这样呢？为什么系统 A 会这么乖乖就范呢？正如约翰斯顿所指出的，如果我们假设被欺骗的系统 A 其实是共犯，那么原先的悖论就又出现了，因为这样一来，系统 A 就扮演了自我欺骗的角色。另外，在道德层面上我们也需要判断一下行为主体要为自我欺骗这件事承担多少责任。如果自我欺骗的人说服了自己，认为"坏点子"不是真的，随后开上了车一路"画龙"，但在路上出了车祸，那他自己就要为自己的愚蠢行为负责。他不能回过头来说他不知道自己醉得不能开车了，真正知道这一点的系统 K 却在他大脑中隐秘地藏了起来。这一切的罪魁祸首其实是系统 K，而不是他本人。毕竟，在人际交往中，如果我真的不知道某件事，你又借机骗我去相信那件其实是虚假的事情，那么要为我的错误负责的人是你，而不是我，我是无辜的受害者，但自我欺骗的人并不那么无辜。

弗洛伊德的观点也有同样的问题。在他列举的例子中，有个小行为者或小矮人扮演着检察官的角色，守卫着意识之门，确保不让那些讨厌的内容进去。这些关于我们自身所作所为的说法，都不过是将行为者本人分化为具有奇怪动机与能力的脑内行为者。但这依旧没能公正处理自我欺骗的闹剧。

遭受诱惑

如果我们认识到其实是我们自己试图忽略、反驳、混淆这些证据，这整件事情就不会这么糟糕了。我们之所以这么做，不过是因为不想承认"坏点子"的存在罢了，这一切都源于我们的焦虑与恐惧。要接受这一点又要避免悖论，解决办法就是承认我们可以在没有欺骗意图的情况下误导自己。我们并没有欺骗的意图，只不过是有动机地使用了某个策略。这二者间的区别很难把握，因此这里提供一种思路。

> 许多作家都曾注意到，相较于让人不爽的真相，人们更愿意相信那些令人愉快的真相。

可以想象几种彼此相关联的心理现象。许多作家都曾注意到，相较于让人不爽的真相，人们更愿意相信那些令人愉快的真相。如果我们喜欢跟我们相关的东西，就不会对其吹毛求疵。大卫·休谟认为，人们应该清楚惊喜和奇迹会给自己带来愉悦感，而人们对于奇迹的接受度还是相当高的。只要在都市传说或各路八卦中加上一些令人愉悦的成分，就能击破人们的心理防线，轻易说服他们。相反，我们会更快忽略那些令人不悦的故事，或是逃避那些曾逼我们反思让我们开心之事的压力。提供让我们相信某事的动机的，是快乐与痛苦，而不是理性。快乐和痛苦并不影响事实本身，我们也不会有意地去相信那些已知为假的东西，只是我们会发现，若非有情感牵涉其中，我们可能会有足够的理智去质疑，就不会轻易让自己被诱惑。

在修辞口才，语言与手势的使用，以及语调和情感的表达等方面也存在着同样的现象，这些都控制着观众的想象、信念和欲望。修辞技巧并不是诉诸理性，而是诉诸情感（这也是为什么哲学一直对其存有疑问）。演讲者会营造出一种容易让我们相信他或者渴望相信他的氛围，当气氛被烘托到顶点的时候，我们甚至会失去判断力，于是，我们又被诱惑了。此外，就算我们在冷静的时候能够发现那些谄媚者只是有求于自己，而非真心实意，但也难免被他们的阿谀奉承蒙蔽双眼。

相信奇迹的事例也表明，我们想要某件事为真的欲望有时或许会遮住那件事是否为真的疑虑。科研人员不理智地相信自己的研究，或是某个党派的政客对其政策中的缺陷不屑一顾，本质上都是一样的。不过这也没什么可遗憾的。献身于某项事业可能确实需要那种能克服一切怀疑的决心，包括来自他人的质疑以及自我的怀疑。无法赢得人民信任的政客，远不如那些深得人心的政客成功。

要直面自己的缺点和失败是件异常痛苦的事情。我们也都会设法保护自己那不堪一击的自尊。我们会高估自己的能力，证据表明，我们做得越差的时候反而越容易高估自己。对我们的自尊有威胁的事情尤其让人难受，这些事情会让人不爽、焦虑，让人觉得要是它们是假的就好了，于是我们就有了充分的动机来阻止真相出现在眼前。如果这件事可能为真的想法浮现在脑海里，或者可能被人质疑，那我们就有了对它进行攻击的动机：一切都是为了能忽视真相。

动机与意图

这些说法还不能完全描绘出自我欺骗的完整面貌，但已经非常接近了；事实上，在某些反驳证据足够有力的情况下，我们所采取的这些方法可以完全实现自我欺骗，但这些方法并不带有任何意图。受欺骗的人之所以喜欢这个故事，之所以会对阿谀奉承感到满意或者易受演讲者煽动情绪，并不是因为他先深思熟虑做了计划："我必须要相信这个，因为我很喜欢、很享受。"他认为自己相信这些是因为这样能让他开心。他的愚昧有自己的动机，但并非故意而为之。如果一位老师告诉他的学生，其作文中还有很多不尽如人意的地方，这个学生可能会在接下来的十分钟里把老师想成一个小气、蛮不讲理、迂腐的傻瓜。但他也并非故意让自己有这样的想法，他只不过是在用贬低老师的方式来安慰自己。同样地，他不是有意让自己这样愚蠢，只是有动机而已。

如果我们是完全理性的动物，或许接受关于信念的证据就是我们唯一能够产生信念的精神状态。可能我们已经接近这个状态了。事实上，唐纳德·戴维森（Donald Davidson）认为，我们必须遵循这种模式，不然就丧失了所有的意义与理智。如果一个心理状态导致另一状态出现的因果过程不能对应到前一个心理状态是后一个心理状态的理由的话，我们就难免会感到茫然、不知所措，就会对该如何思考、该相信什么开始动摇。我们可以想一下下面这种情况，就好理解了：某个人说自己的车是一条狗，他又承认狗身上有毛和爪子，而他的车并没有毛或爪子，但如果他坚持说他的车是条狗，我们也只能举手投降。我们不能理解他究竟在想什么。一旦理性的车轮开始偏向，那整个意义与认知系统也会一同偏离轨道。

虽然戴维森的观点大体上是对的，但诱惑与自我欺骗的现象却表明，事实并非完全如他所说的那样。有些心理状态在信仰的产生过程中起着一定的作用，但这丝毫不能成为支持这些信仰为真的证据。然而，为了让我们的意志与情感发挥作用，我们可能不得不抑制那些相反的念头（这也正是戴维森提到过的行为者不得不付出的代价）。所以，实际情况可能是这样的：假设在某种情况下，我们应该相信"坏点子"，但它实在是有些可怕，最好不要是真的。所以我们就有了不相信它的动机。因此，我们采取了先前所说的策略，与反对观点对抗、忽略反对证据，不管有多不切实际，都想办法让自己分心、转移自己的注意力，用一些不相关的东西混淆视线。我们会欺骗自己，但这并不是按照什么计划有意识而为的，而且我们也可能会不耐烦地否定掉那些建议。想象一下，当我的配偶说我现在不能开车了，虽然我自己也心知肚明，但还是会狡辩："瞎说，能不能开车，我自己能不知道吗？我告诉你，我根本就没醉！"——以此来否认自己喝多了的事实。但其实我们所有人都一样，都是在主动误导自己。

我们一直都知道吗？

如果像我所说的那样，我们应该否认自己故意欺骗自己，那我们又该让谁对此负责呢？如果没有其他意图，又要如何找替罪羊呢？我们只能责怪清晰地出现在我们意识中的东西的说法，其实是个道德上的错误教条。反例也会出现在疏忽与任性这两种情形里。一个疏忽的驾驶员可能会因为注意力分散而被责怪；一个不认真学习的学生也得为自己的成绩负责，他应该懂得这个道理。因为缺乏某些知识而去责怪自我欺骗者，就和我们责怪疏忽者的情形一样。航空公司本该知道飞机上是否存在裂痕，但由于没能做好维修工作，导致发生了坠机事件，那么航空公司还是要承担责任的。尽管它并非有意造成坠机事件，但它才是事故发生的源头。

这种责任就是那些自我欺骗的人所必须要承担的，行为主体事先就该知道他的船究竟能否下水——稍微检查一下就能知道——但真相的代价却高昂又令人不安，所以他就甘愿被自己的谎言诱惑，并选择逃避真相：与反对观点对抗、忽略反对证据、混淆话题。最后，他兴高采烈地让船下了水，而后却害死了他的同伴们。他当然应该对此负责，导致这场灾难的不是别人，正是他。

我们可能会说，行为主体多多少少知道"坏点子"的存在，或者我们可以进一步说，他在某种程度上确实知情。这不是重复先前人格分裂的思想，也不是让心里负责欺骗的小矮人 K 再重新回到舞台上，只是说我们的确压抑了些许知识，我们宁可不接受这些知识，或者干脆将它们抛到脑后。说某人早该知道某件事，和事实上这个人尽管心里知道，实际上却又拒绝承认，两者之间只有微小且模糊的区别而已。他自己本身就没打算接受，这些事件也就被掩盖了。但我们的确可能有这样的知识。比如，我们发现自己其实一直都知道某件事：各种蛛丝马迹，他一言你一语，这些证据可能不足以让我们知道其他人在暗自策划什么，但是当一切水落石出的时候，我们也许会发现，自己竟然一点也不惊讶。或者可以说，其实我们一直都知道。

关于自我欺骗的文学作品数不胜数，由此可见其背后蕴含多少令人难以捉摸又心驰神往的故事。这种现象不仅击碎了心境透明的假象，更让我们认识到，我们无法对自己的心理了如指掌，也让我们开始认为心理活动其实存在着可以随意窥视的灰暗角落。我们不必将内心切分成许多小块儿才能了解我们其实并非如此；而且，我们其实本就不是这副模样。对我们来说，这或许是不幸中的万幸了。

社会是真实存在的吗?

个人与群体

英国保守党首相玛格丽特·希尔达·撒切尔(Margaret Hilda Thatcher)[1]有句名言:社会是不存在的。她这么说是为了赞扬自立自强的个体,这些人会对自己的行为负责,不受国家的援助、自力更生。

社会,或者说理想社会,是这些社会原子的集合体,也就是说,它们之间没有相互的依赖与联系,最多只有个别行为者基于自由、以个人利益为出发点而自由参与的关系而已。

一些社会事实

那么,我们在互动中会形成多少种社会联系呢?就拿语言、金

---

[1] 玛格丽特·希尔达·撒切尔(Margaret Hilda Thatcher, 1925—2013),英国女首相(1979—1990),保守党领袖。首相任内,因施政风格强硬而有"铁娘子"称号。著有《通往权力之路》等。

钱、法律这三个例子来说，它们是社会实体，但它们的存在与功能都依赖社会。撒切尔大概也不想否认英语、英镑或英国法律的存在（事实上，后两项内容是撒切尔政府当时最重视的东西）。但是，如果语言、金钱与法律都可以从利己者的互动中产生，那么自助社会、福利国家，还有为了帮助贫困群体而从富人群体中收税等现象是否都会一并出现呢？然而，这些现象偏偏是与撒切尔的政策相左的。或许她不记得了，不管我们有多独立自主，在我们年幼或迟暮之时，包括人生的很多时刻，我们都需要彼此的帮助。

人们很容易把社会想象成起初只是一群个体，随后以一种神秘的方式融合到一起的很神秘的"东西"。因此怀疑是否有社会这个东西的存在，看起来就只是一种固执又有益的实践常识。其实，我们只是被"社会"这个抽象名词误导了而已。如果我们从个体互动所产生的社会关系的角度来考虑的话，社会看起来也就不那么神奇了。这种关系包括我们需要用语言进行的交流，包括从物物交换演变为如今的金钱交易，还包括提供行为准则以及对违法行为进行制裁的法律。因此，我们不再只是一群聚在一起的个体，而是有着一整套组织构架的群体，换句话说，不同个体之间以复杂的网络连接而成，这就是所谓的社会。

一文不值

那社会又是如何形成的？如果追溯历史，以曾经单一民族国家的灭亡与社会的瓦解为镜，我们就能看到一个社会的形成究竟有多

收割

老彼得·勃鲁盖尔（Pieter Brueghel the Older，1525—1569）

难。就算社会真的建构起来了，也是十分脆弱的，随时可能坍塌、崩溃，这也正好使得理解与维系社会成为我们最重要的任务。

传统的分析可以追溯至托马斯·霍布斯（Thomas Hobbes）[①]，他假设了一种"自然状态"，在这种状态下，人们不会被社会关系所捆绑。众所周知，霍布斯所想象的"自然状态"不是撒切尔心中的天堂，而是"与所有人为敌的战争"，而且"人类的生活龌龊、孤独、野蛮且短暂"。人要如何摆脱这种恐怖的状态？霍布斯提出了两大难以置信的步骤。首先，他假设行为者可以聚在一起制定出共同政策。其次，他认为这个共同政策应服从于一位最高统治者，换句话说，应将统治权交给一位行为者，而这位拥有权力的行为者会使用其权力为所有人的利益而考虑。约翰·洛克对于第二步的评论大家或许很了解了，但仍值得在此处重复：

> 这仿佛是当人们摆脱自然状态进入社会时，他们同意除一人之外，大家都应当受法律的制约，但他一人仍然可以保留自然状态中的全部自由，而这种自由由于他掌握权力而有所扩大，并因免于受罚而变得肆无忌惮。这就是认为人们竟如此愚蠢，他们注意不受狸猫或狐狸可能的搅扰，却甘愿被狮子所吞食，并且还认为这是安全的。[②]

[①] 托马斯·霍布斯（Thomas Hobbes，1588—1679），英国哲学家。强调哲学的目的在于认识自然，征服自然，"造福人类"。主要著作有《利维坦》《论人性》等，并曾将荷马史诗译为英文。

[②] 引自洛克著，叶启芳、瞿菊农译，《政府论》，商务印书馆，1982年。——译者注

但从哲学上讲，更有趣的问题却出现在第一步上。霍布斯口中的行为者要如何达成这样的协议？事实上，霍布斯也清晰地意识到了这个问题：

> 如果契约是……在纯粹自然状态下建立起来（即每个人互为敌人的状态）的，在合理怀疑之下，这种契约关系就是无效的……因为，最先履行契约的人无法确保后面的人也会照做，毕竟语言的约束力太弱了，几乎无法约束人的野心、贪婪、愤怒，以及各种情绪……因此，最先履行契约的人，也就把自己出卖给了敌人。

要我放下武器的前提是让我能相信你，相信你也能像我一样去履行契约，且言出必行；如果你要我为你做什么，那前提是我知道你也会同样为我而付出，会回报我，但这种信任在自然状态下并不存在。

如果我们假设的自然状态就像霍布斯所说的那样，人是残忍自私的野兽，那在这样的条件下孕育出最基本的社会关系并确保它良好运作，几乎是不可能的。最基本的社会关系或许就是彼此互惠，也就是我暂时为了其他人而牺牲自己的利益，但这一切都基于他以后可能给予我同等的回报。然而，互惠关系也需要保证（如果我花了一早上的时间给你抓跳蚤，却不盼着你也能帮我抓抓跳蚤，那我可能是个傻子），但在霍布斯的世界中，没有办法获得这种保证。曾有人说过，口头承诺一文不值，但在霍布斯的世界里，就算是书面承诺也不值一提。

演化来的合作

我们可能会想，据我们所知，霍布斯的问题并非人类不得不面对的问题。那种自然状态从未存在过，我们也不是霍布斯假设的那种自私任性的怪兽（关于人性与道德动机的问题，请参阅"人性是什么？""为什么要听话？"两章）。但是从进化的角度来看，这只是规避问题而已。利他主义的出现的确是个问题，如果动物为了其他个体牺牲了自己的适合度①，那它必定无法在达尔文所说的物竞天择的环境中存活、繁衍下来。所以，人类只是一定程度上的利他动物这一说法虽然一点不假，但如果生物学理论否定这种动物能够存活下来，那我们迟早也要面对个问题。

利他主义的出现通常可以用简单的游戏来模拟，其中最著名的便是"囚徒困境"②。在这种情境里，如果我们能够达成合作，就能实现社会最佳化；如果我们每个人在这种情景里都背叛约定，就可以实现个人利益的最大化。在原本的故事当中，检察官抓到了两名嫌犯：亚当和夏娃。检察官需要他们自首，因此他分别给了两人自首的选择。他对二人分别说，如果你认罪，另一人也认罪，你们就都会被定罪，服刑两年；如果另一个没认罪，你就可以因协助法庭而被释放。他接着又说道，如果你拒绝认罪，而另一人却认了，你就要受重刑，服刑三年；如果对方也拒绝认罪，那你们两人会因妨碍公务罪而服刑一

---

① 衡量一个个体存活和繁殖成功机会的尺度。——译者注
② 指两个被捕的囚徒之间的一种特殊博弈，说明为什么在合作对双方都有利时，保持合作也是困难的。——译者注

年。从个人利益的角度来看，我们很容易就能知道亚当与夏娃都有理由决定认罪：不管对方怎么样，只要自己自首就不必遭受重刑。但是如果他们俩都选择认罪，结果反而是最坏的（两人加起来就是四年的牢狱之灾，但如果他们都拒绝认罪，两个人总共不过是判刑两年）。

在现实生活中，很多情景都可以套用（多人）"囚徒困境"的模式，在这些情境之下，利己推理会导致不合作的糟糕情况出现，但是那些利己理由又十分具有诱惑性。如果在水资源短缺的情况下，最佳社会结果就是大家都节约用水，但如果其他人减少用水，那从我个人利益的角度来看，我应该想用多少就用多少（毕竟一个人的用水量对整体产生不了多大的影响）。如果其他人不节约用水，从我个人利益的角度来看，最好也不要减少用水：因为无论如何，水终归是会用光的，在此之前，我得先浇花、洗澡。丛林中残忍的野兽都知道，"马善被人骑，人善被人欺""合作是留给失败者的""人不为己，天诛地灭"。信任与合作的平台总会被利己者攻占，这些人才是最终的胜者。

> 丛林中残忍的野兽都知道，"马善被人骑，人善被人欺""合作是留给失败者的""人不为己，天诛地灭"。

其他的社会问题则可以由另一种密切相关的架构反映出来，也就是"安全博弈"——即让-雅克·卢梭（Jean-Jacques Rousseau）①所描述的猎鹿情境。我们若想成功猎鹿，就要合作起来：比如每个人都要守

---

① 让-雅克·卢梭（Jean-Jacques Rousseau，1712—1778），法国启蒙思想家、哲学家、教育学家、文学家。主张人生而自由、平等，主张社会契约论。主要著作有《论人类不平等的起源和基础》《忏悔录》《新爱洛绮丝》等。

住一个出口，否则鹿就有可能逃走。如果我们成功捉到了鹿，那就得均分猎物，对每个人来说，这都是最佳结果（"囚徒困境"与此不同的是，每个人不与他人合作而自己认罪则是个人的最佳结果）。但不幸的是，我们每个人都有离岗的诱因：森林中到处都有野兔，而且一个人就能轻松捉到；兔肉也挺好吃的，虽然比不上鹿肉，至少比没得吃要强多了。现在我们就得保证谁都不会擅自离岗去抓野兔，如果真有人这么做了，那其他人就将一无所获。所以，我们可能会觉得这样代价太大，不如所有人都去抓野兔，那每个人就都能有次好结果。上一段提到的观点可能让我们觉得其他人实在是靠不住，毕竟"胜者为王"。

干草堆

那么，合作是如何演化而来的呢？这个问题通过进化动力学来解释再好不过了。想象一下，在一群人当中，有一部分行为者倾向于与他人合作，而另一部分则选择做背叛者。假设合作者两两结合，他们分别可以拥有两个后代；如果合作者与背叛者结合，那么合作者就不会有后代，而背叛者可以有三个；如果两个背叛者结合，则各自有一个后代。这就是"囚徒困境"算法，考虑的不是惩罚，而是奖赏。如果合作者被隔离开来，那么几代之后，他们的数量就会超过背叛者。这个过程也可以通过老鼠在干草堆中过冬的事例反映出来。假设在干草堆中有一群合作型老鼠与一群背叛型老鼠，各自繁衍后代，再假设它们可以在一个冬天里繁衍三代。起初，每个干草堆中各有两只老鼠，各自结合。一个冬天过后，一共就有 16 只合作型老鼠，不过只有 8 只背叛型老鼠，整个鼠群数量就会更加倾向于合作型老鼠一方（见下表）。

CC	CD	DC	DD
2	2	2	2
4C	3D	3D	2D
8C	3D	3D	2D
16C	3D	3D	2D

在人类社会当中，干草堆现象就不只是看几率了。背叛者会被指认出来，并且遭受排挤，只有合作者才会受到欢迎，拥有得以与他人结合的机会。此外，我们还会发出并接收信号——信任与值得被信任的信号，可以让别人看出我们愿意与他们合作——我们甚至会创造制裁措施，来严惩那些滥用信号的人，比如答应了要合作，却又自立门户的人。对此，不必觉得不可思议，其实在动物界也存在着类似的机制。以狗为例，当一只狗狗将肩膀放低做出鞠躬的动作时，表示希望和另一只狗狗玩耍。在某些犬科种群中，例如西部郊狼，它们会利用这一信号来占便宜，在对方放松警惕时趁机发起攻击。如果狼群中其他郊狼知道了这种行为，那么这只狼日后可能就会被排挤或规避（对于集体狩猎的动物而言，这是非常严重的惩罚）。在运作良好的社会中，我们这方面的能力也像犬科动物一样优秀。如果我们都能严格执行，那么背叛者一定会被赶出大门。事实上，在世界上的和平地区，我们往往都能驱逐大部分背叛者，不给他们暗伤我们的机会。

群体与受益者

达尔文本人曾预料到这样的演化动力模型：

> 人们不可忘记高道德标准为其本身与其后代所带来的利益。仅比同族群中其他人道德稍高一些并没有什么，但一旦拥有高道德的人数增加了，道德标准就会提高，那么该族群也就优于其他族群了。如果一个族群中的许多成员都有强烈的爱国、忠诚、服从、勇敢与同情的意识，会时刻愿意帮助他人、为集体利益而牺牲自己，那他们绝对能够超过大多数的群体，这就是物竞天择。

生物学界很晚才接受达尔文的这一观点，将其称为"群体选择"（group selection），并且认为如果这一观点不是与达尔文丛林法则中的"适者生存"一致，就是与"不同物种的实际演化由存活的不同基因比例推动"这一说法相左。但这些说法并不矛盾。想象一下，现在有一种应对足球运动损伤的新的治疗理念，比如说扭伤脚踝，假设新疗法比旧疗法的见效快，还能有效减轻疼痛，那么它就会取代旧疗法。争论谁才是这一转变的受益者，其实是没什么意义的。是脚踝、球员、球队、球迷，还是医生，抑或是说新疗法本身？无论是一种文化手段还是理查德·道金斯所提出的"文化基因"①，仅仅因为新疗法比旧疗法更能适应足球场环境，就能够更好地自我复制吗？

---

① 文化的基本单位，通过非遗传的方式，特别是模仿而得到传递。——译者注

我认为这些都算不上是什么好问题。其中看似清晰的大概就只有由因至果的这种关系了。新疗法有益于观众，是因为它有益于球队；之所以有益于球队，是因为它有益于球员；之所以有益于球员，又是因为它有益于球员的脚踝。你不能本末倒置地说，新疗法之所以对球员有益，是因为它有益于球队。不过这种因果关系确实能够从群体推到个体身上。天气变化可能有利于球员，因为天气好了，来看球的观众也多了，球队中每个人能赚到的钱也多了，球员就有钱接受更好的治疗，他的脚踝也能从中受益。同样地，基因的适应性突变之所以可能使个体受益，是因为它能使个体在群体中合作，并且可能在合作之中传播开来。

罗伯特·阿克塞尔罗德（Robert Axelrod）曾做过一个著名的实验。在实验中，他邀请许多博弈理论家在重复的"囚徒困境"中提出不同的策略。策略之一就是"永远选择合作"，不过一旦遇到背叛者，该策略就行不通了。阿克塞尔罗德实验中的赢家是"以牙还牙"：这种策略是最开始与他人合作，随后又采取对手在上一轮采取的策略。如果对手倒戈，就在下一轮中以牙还牙。不过，接下来又会回到接受合作的状态，直到再次遭到背叛。这种策略充满善意，又宽容过错——实际上，还是有点像我们中的一些人的。

"以牙还牙"策略也可能被击败：因为它并不会真正击败背叛者，只是在对他的背叛做出反击而已。但当双方均采取这一策略时，或是当遇上起初愿意合作，后面也愿意做出善意回应的对手时，采取该策略的玩家每回合可以得到三分，而不像遇到背叛者那样。

撒切尔夫人对于社会存在性所抱持的怀疑思想是政治经济思潮

的一部分，该思潮认为市场是万能的，任何政府干预市场的行为都是不好的。按照他们的想法，经济市场是由经济人组成的组织，而经济人则是个人利益的理性代表。[①] 除非在市场失灵的特殊情况下，例如在缺乏竞争及信息不对称的情况下，市场将永远得出理性、有效的结果。其中"有效市场"[②] 的假设认为，既然金融市场中都是对信息敏感、理性且具竞争力的玩家，那么金融市场的价格就总能反应出全部可用知识的总和。没人能赢过市场。而政府对市场进行干预的结果，可能比自由放任市场更糟糕。

在写这本书的时候，我刚好意识到市场不是什么法则所能操控的机器，也不会受人们控制导向最佳结果，我也有了血泪教训。市场更像是天气、地震或水管里的乱流：混乱、不断受不可预测因素的影响，而参与其中的人又各自抱有不同的信念与情感，极易受到他人的影响［这就是约翰·梅纳德·凯恩斯（John Maynard Keynes）[③] 所说的"动物精神"］。在测试面前，经济人的形象不堪一击，因为现实生活中的行为者并非一心一意接收信息并做出理性选择。实验与常识都告诉我们，人们不仅相信信息，更相信自己的直觉、梦境、恐惧与幻想。在上一章中，我们也看到了，人的天性就是自我欺骗。当错误信息与他们心里想听的内容相符合时，他们

---

① 假定人的思考和行为的目标都是理性的，他们唯一试图获得的经济好处就是物质性补偿的最大化。——译者注
② 资产的现有市场价格能够充分反映所有有关、可用信息的资本市场。——译者注
③ 约翰·梅纳德·凯恩斯（John Maynard Keynes，1883—1946），英国经济学家，凯恩斯主义的创始人，现代西方宏观经济学奠基者。长期以货币数量的变化解释经济现象的变动。主要著作有《就业、利息和货币通论》《货币论》等。

就会急切地接受；若是信息与他们的想法相悖，他们就拒绝相信。人们除了追求未来的利益，还会因为忠诚、复仇的欲望，或是出于正义感而做出某些行为。因此，值得注意的是，建立在经济人假设上的这套理论，其实也驳倒了自己：众所周知，我们其实不是那样的人，但古典经济学家因为自己的事业而如此教导人们，甚至鼓励人们这样说，他们越是坚持这套说辞，越能证明他们这套说辞到底有多虚假。

哲学中所犯的错误通常并不危险，但撒切尔夫人所犯的错误却并非如此。如果我们相信合作关系只是虚构的，那么信任的平台终将被利己者攻占，除了贪婪，其他的价值观只是空话，我们也就只能在自己创造的意识形态中苟活，在漩涡中打转的信念就真的有可能自我实现。犬儒主义者将世界变为适合他们生活的样子，而我们所需要的补救办法其实是一套更好的哲学理论。正如凯恩斯所说：

> 即使撇开此种当代情绪不谈，经济学家以及政治哲学家之思想，其力量之大，往往出乎常人意料。事实上统治世界者，就只是这些思想而已。许多实干家自以为不受任何学理之影响，却往往当了某个已故经济学家之奴隶。狂人执政，自以为得天启示，实则其狂想之源，乃得自若干年以前的某个学人。[1]

---

① 引自凯恩斯著，徐毓枬译，《就业、利息和货币通论》，商务印书馆，1983 年。——译者注

我们能理解彼此吗？

谨言慎行

　　我们显然是可以理解彼此的，不然你就不会读这本书了。我们能理解彼此，在很大程度上是因为我们使用相同的语言。文字具有意义，在我们交流的时候，你能明白我所表达的意思，这就是理解。

　　更何况，我们的共同活动也都以各种方式确认了我们的确是可以理解彼此的。如果我们说好 11 点在学校图书馆见面，那么就都会期待在那个时间、地点对方会出现，这份期待往往也不会落空。不过如果你不能理解我们的约定，大概率就要无功而返了。

观念与行动

　　到目前为止，我们尚且相信，我们的确能够理解彼此。但提到使用相同的语言，其实也只不过是拖着不解决问题罢了。那么

巴别塔
老彼得·勃鲁盖尔（Pieter Bruegel the Older，1525—1569）

到底是什么让你我都能以同样的方式理解这门语言中的字词呢？是什么让我们知道，我们以正确的方式理解了呢？有人认为，那是因为字词能够激发思想。词语的意义是由其激发的思想所赋予的，而我们之所以能理解彼此的意思，是因为我心中的观念与你心中的那些观念是一致的。事实上，这就是约翰·洛克在17世纪末提出的观点：

> 字词的原始的或直接的意义，就在于表示利用文字的那人心中的观念。

洛克说，人类使用字词来"表达自己的观念，并向他人展示出来"，字词给他人提供了得以窥见我们内心想法的机会。

洛克所说的"观念"究竟是什么？这个问题也引发了许多争议，他也可谓是惹祸上身。假设"观念"是个人对某场景的再现，那么在我们约定见面的时候，我脑海里就形成了学校图书馆的图像。你能理解我的话，是因为受我话语的激发，你脑海里也浮现了图书馆的模样。现在的麻烦是，这样说还不够完整。我们或许可以共享一张照片，不过除非我们把照片与图书馆联系起来，否则我们还是没有去那个图书馆的理由。这个问题其实是非常普遍的，而且也不局限于图像类的"观念"。上述假设的问题在于假定了一种具有代表性的媒介作为中介，如果能解释这个代表性媒介是什么，问题就好理解了。

假设你在看一幅肖像画，这件事并不能保证你心里就在想着画中的人物，甚至不能保证你知道这个人是谁。要将一幅画诠释为肖像画，是一种理解的艺术（或者，如果那幅画不是肖像画，那这也可能是误解的艺术）。所以洛克的这个理论在本质上涉及了退化：我们通过把词语和我们心中的物质 M 相联系的方式来理解一个词语，那我们如何理解物质 M 呢？说到底，我们还是需要找到突破口——那个将焦点从我们心里转移到实际图书馆身上的东西。因为真正能证明我们理解彼此的，就是我们去图书馆的这个行动。

如何摘花

这就表明，心中展现的物质不足以让我们理解彼此。路德维希·维特根斯坦也曾通过一个美妙且简短的论点证明了我们心中的事物不是理解彼此的必要条件。他假设一个人被要求在草丛中摘一朵红色的花，此时便可提出我们的问题了："只通过一个词，他怎么知道该摘哪种花呢？"维特根斯坦随后假设，这个人会在脑中产生红花的模样，随后寻找与之对应的花：

> 不过，这不是唯一的、也不是通常采用的寻找方法。我们一边走，一边四处张望，走到一朵花前，把花采下来，而没有与任何东西相比较。为了看出执行命令的过程可能就是这样，考察一下"你想象一个红色的斑块"这个命令。在这个情况下，你不会想到在你听到这个命令之前，你必须想象出一个红色的

斑块，它可以用作你被命令去想象的那个红色斑块的模型。①

维特根斯坦可谓一语中的，他的论证可以套用在任何需要预设中间媒介的理论上，也就是假设在"图书馆"一词与真正的图书馆之间存在第三个实体的理论上。我们首先需要知道有正确的中介存在，还得知道如何诠释它，而后才能利用中介将我们带到图书馆去，每个步骤都像我们原本要解释的能力一样奇妙。所以，还是干脆不讨论中介理论比较好。

那除此之外还有其他选择吗？我们在"我是机器中的幽灵吗？"一章中曾讨论过，研究我们的大脑内部构造并不是什么好方法。假设当我们告诉行为者要摘一朵红花时，我们发现他的神经元 X 异常活跃（虽然这么说在很大程度上简化了我们可能发现的反应，但还是能表达出大概的意思）。我们也可能发现，如果我们中和神经元 X，并迫使它保持非活跃状态，便会导致行为者无法完成指令。这个现象会让我们认为，神经元 X 在行为者脑中就代表着红花。但是，神经元 X 除了在行为者的行动中扮演了支持角色之外，和红花又有什么关系呢？大脑中的这点灰质与"红花"这个类别之间，不可能有任何神奇的投射联结呀！（请参阅"机器会思考吗？"）

既然如此，我们就需要将行为者的意图与理解当作能够从他外部生活中观察到的事物。这就意味着，他的意图与理解是能在

---

① 引自路德维希·维特根斯坦著，涂纪亮译，《蓝皮书和褐皮书》，北京大学出版社，2012年。——译者注

他的行为中展现出来的：在这个案例中就是摘红花，在上个例子中则是去学校图书馆。对同一条指令中的词语有相同理解的两个人和有不同理解的两个人之间的差别在于，这些词语对前者具有指令意义，而对后者不过是噪声罢了。当然，指令也具有灵活性：有的人虽然能理解指令，但并不是很乐意去执行。但他也能知道自己不想去做的究竟是什么，这反过来又会变成一项新的信息输入或指令模式，会导致他后续的行为举止，比如回避或找借口。所以，归根结底就是词语引发了一系列的行为模式，首先是与大脑中的其他物质（包括行为主体早先经历所影响的神经元在内）结合，随后又潜在地影响了行为者后续的行为。当然，不能排除纯粹的理解：一个人可能只接受信息，然后什么也不做。但这也意味着，纯粹的理解并非系统的意义所在。理解就像赛车的动力：引擎可能会空转或熄火，但在它正常运转的时候，动力还是能够显现出来的。

玛德琳·巴塞特的问题

现在，对于我们能彼此理解的乐观想法又面临着新的危机。我的经历、体验跟你的不一样，所以当你和我说话时，我大脑里出现的事件模式可能和你的不一样。如果有第三方给我们下达了指令，你或许认为该遵守执行，而我却无动于衷；或者，你可能因为学校图书馆和红花触及伤心事而泪流满面，但我却不会。我们的神经机制会以无数种方式表现出我们的巨大差异。那么，问题又来了，我们究竟能从哪里发现我们有相同的理解呢？如果言语会将我们引导至不同的方向，我们又要如何将它看作具有固定意义的承载者呢？如果我们使用词语时总是或多或少有些不同，那又为什么会认为有单一意义或共享理解存在呢？

顺着这条思路，人们肯定会对是否存在稳定、共享的意义感到悲观，但我认为大可不必。如果你因为有人提起红花而突然泪流满面，但我却没有，或许是因为你联想到了至亲葬礼上的红花。但你要这么想，"红花"二字已经成功把你的注意力吸引到红花上了，它们也就完成了自己的使命。随后发生的事情只是成功发挥作用后的附加结果，对你我共同理解这一词语并没有任何影响。

在我们确实能够辨别词语含义与其联结对象的事例中或许是如此，但如果先前所说的思路并不仅仅是联想，而是当你认为某句话有真实含义的时候，我却不这么认为，那要如何？在这种情况下，我们的理解确实可能产生分歧。假设你和玛德琳·巴塞特一样，认为星星是上帝的雏菊花环，认为只要精灵一擤鼻涕，就会有小宝宝出生，那么当我提到这些事物的时候，就很难确定你是否真的能理解我的话，或者我能不能理解你的意思。如果在一个晴朗的夜晚，你我之外的第三个人说："快看那些星星！"我们可能会看向同一个方向，在这种情况下我们似乎能够理解彼此。如果我要说，你搞错了，"星星"是什么，或者我要说精灵擤鼻子的故事，那么你和我就一定要有许多共通之处才行。不管你的想法有多好笑，终归是你想的内容。就像我们约好在图书馆见面的例子一样，如果我们都能朝着相同的方向看，并指向同样的东西，那么我们在这种情境中至少要有共享的理解才行。

然而，在20世纪下半叶，哲学家们又开始对共享意义感到不安。他们倾向于认为，玛德琳那种极其怪异的想法意味着她所说的事情与我所说的事情是"不可通约的"，我们处于不同的思想世界中，我们之间所谓的沟通其实都是脆弱不堪的巧合而已，在这之后的事情将会证明这种巧合究竟有多不可靠。这样一来，意义就在很大程度上被私有化了。如果我试图诠释你，那就都是以我的观点为主。我用自己独有的视角看世界，我就会假设你也会像我一样去看世界，我也会以同样的观点来看待你。不管我们是学习科学史、文学，还是研究人类学，抑或是翻译史书，我们都会以自己的视角来解读，而不是解读文本的原意。我们是在构建意义，在将词语或其他事物强加于自己的理解之中，而非寻找意义。解读变成了类似于吞并或殖民的行为，是一种践踏他人概念架构的强横行径，强行让他们的想法臣服于我们自己的思维帝国。

混乱的系统？

不过，在这样具有些许戏剧性的景象中，这些思维帝国也并非坚不可摧。我现在说的可能是我想表达的意思，那我明天会怎么看待这些话呢？就算我把它写到日记里，也不能保证以后我能以正确的方式理解它们。未来那个"我"或许会有一套自己的"整体"信仰体系，毕竟他的大脑已经产生了一些新的连接，也少了一些原有的连接，所以他的思想就与我现在的思想不同，他只不过是对于诠释今日的我多少有点不当的后继者罢了。在这种悲观的视角下，世间万物都并非亘古不变的，什么都在变化，就连词语原本的含义也都开始消解。如果对于同一个人来说，一个词语在不同的时间是不一样的，或者对同一时间、不同的人来说是不同的，那又何谈词语本身的意义呢？我可能会尝试表达观点，但又要如何证实它的真实含义呢？有趣的是，这一思路其实早在赫拉克利特（Heraclitus）[①]时期便已提出，他因否认"人可以两次踏入同一条河流"而闻名于世。根据亚里士多德的说法，赫拉克利特的学徒之一——克拉底鲁（Cratylus）发现了事物的不断变化对"意义"这个概念的影响，这使他困扰不已，以至于他后来完全保持沉默，只通过摇手指的方式与人沟通。

我们显然需要从这个无底洞中抽身。像往常一样，抵抗怀疑主义的最佳方式就是用我们熟知的事例来提醒自己。我们可以与他人协商沟通，可以将别人告知的以自己的理解来灵活应对。问题在于我们没有认识到，尽管受神经元与其他理论事物的影响，我们的理解千差万别，但这并不代表我们不具有稳定、共享的理解。用哲学家的话来说，同一个想法会有"可变实现"，就像同一个程序能在不同的电脑上执行，或者在不同的时间在同一台电脑上执行一样。我不知道我家里这台电脑的配件和去年我办公室里那台的配件是否相同，我也不需要知道这些。当我们说好在学校图书馆见面时，只要

----

① 赫拉克利特（Heraclitus，约公元前 540 年—约公元前 480 年与公元前 470 年之间），古希腊哲学家，爱非斯学派的创始人。在欧洲哲学史上，首次提出对立面的统一与斗争的学说。

我们都能赴约就好了。我不需要知道你脑袋里还想了什么，更不用知道你飞速运转的大脑是如何消化这些词的，只要最后你到了图书馆，那就可以了。

矮胖子和戴维森

与此同时，我们还需要抵制将意义私有化的那种观点。理解的最大作用是社会性的，而非私人性的。语言正是在我们与他人的交流中，才逐渐在我们的心中发展壮大的。我们共同决定并捍卫着词语的意义。如果我们有理由相信一个人的遣词造句已经偏离了词语的原意，我们就会纠正他。矮胖子（Humpty Dumpty）在著名的镜中世界就是没有意识到这一点：

"这对你多光荣呀！"

"我不懂你说的'光荣'的意思。"爱丽丝说。

矮胖子轻蔑地笑了："你当然不懂，等我告诉你。我的意思是你在争论中彻底失败了。"

"但是'光荣'的意思并不是'在争论中彻底失败'呀。"爱丽丝反驳。

"当我使用一个词时，"矮胖子相当傲慢地说，"这个词也恰如其分地表达了我想要说的，既不重，也不轻"。

"问题是你怎么能造出一些可以包含许多不同的意思的词呢？"

"问题是哪个是主宰的——关键就在这里。"矮胖子说。[①]

矮胖子的错误在于，他认为所有的词语本身就具有含义，或者他可以随意决定词语的意思，然而事实并非如此。事实上，是我们一同用某个词语表达我们想表达的含义。儿童正是通过实践的方式学习母语的，也正因如此，孩子的思想才成为父母等人的一面镜子。

正如我们先前（请参阅"我怎么能欺骗自己？"）提到过的，唐纳德·戴维森对怀疑主义进行了不遗余力的抨击。戴维森问道：我们真的理解悲观主义者所谓的不同的人、不同的群体都有不同的概念架构吗？他指出，我们必须与他人分享大量信息，才能更好地理解他们。我们可以理解某些概念会有分歧，比如意大利语中的"simpatico"（志同道合）就没有适当的英语对应词。但是面对这些问题，英语国家的人会找出解决之道，或许他们可以用比较长的词来表达意大利语中的这个意思。科学史家可以告诉我们，过去的人在创造"燃素"或"活化流体"这些词时在想些什么。根据戴维森的说法，我们理解他人的前提是我们认为他们与我们共享了这个世界，并且与我们分享了尽可能多的关于这个世界的信念。他认为，这意味着我们在面对不同概念架构时会遇到困境，除非我们能与他人保持一致，能够直接翻译、理解他们，不然我们就只能放弃认为他人也会思考的可能。这样一来，对我们而言，心灵不再具有意义，只能被弱化为行为举止，而词语也将失去它原本的意义，开始

---

① 引自刘易斯·卡罗尔，《爱丽丝镜中奇遇记》。——译者注

变得混乱不堪。

戴维森关于翻译与理解的方法论具有很强的启发性与广泛的接受度，但这种困境仍无法让"概念架构无法沟通"这种观点噤声。的确，我们无法在他人心里找到自己的想法，甚至无法冒险猜测他人的想法。但若是因为他们无心让我们走进内心，就把这一切归咎于他们，未免太过以自我为中心了。难道我们就没有一丁点儿的过错吗？或者更确切地说，难道不是我们太过局限了吗？当我们面对海豚或鲸鱼时，我们当然会这样想。这些生物是会协商与交流的，但我们与它们共享的生活太少了，就连猜它们信号中的含义都很难做到。我们至今也无法确定，究竟能否理解它们，毕竟我们之间有着天壤之别（维特根斯坦说过，即使狮子会说话，我们也听不懂）。我们仍然在怀疑——我觉得这点没错——究竟这样的差距是否只是我们理解它们的一项必要限制。

幸运的是，在我们自己这个物种中，我们与他人共享了足够多的人性，这足以让我们理解彼此。我们能在他人心中找到自己的想法。事实上，当我们还是孩子时，我们就是这样发现自我的。约克郡曾有这样一句谚语："除了你我，全世界都很奇怪，甚至你也有那么一点奇怪。"不过也只是有一点奇怪罢了，至少我们还能交流、沟通。

机器会思考吗？

我们很容易就会说机器会思考，因为有些机器确实是会思考的。我们自己就会思考，而我们只不过是一套极其精密复杂的物理系统，换句话说：我们就是机器。

不过，后来我们有了相反的想法，我们会思考，那就说明我们不仅仅是精密的物理系统（或机器）而已，因为机器不能思考，但是我们可以。究竟哪种想法才对呢？

图灵测试

在已知的事物之中，最接近"会思考的机器"的，非电脑莫属了。因此，我们或许可以先从探讨"电脑是否会思考"这个问题入手。电脑总能给我们带来惊喜：电脑棋手已经可以击败世界上最厉害的围棋大师了；电脑已经证明了许多数学家都无法证明的数学定理（最著名的例子就是"四色定理"，即任何一张地图只用四种颜色就能给具有共同边界的国家着上不同的颜色。不过电脑的论证方法有些许"机械化"：以极快的速度罗列出所有的可能性）。当一个人坐在椅子上计算圆周率的下一位数字时，我们会认为他在思考，那我们为什么就不能说电脑也在思考呢？电脑可以检测、调整事物，还能起到警告我们的作用。我们是否因为被偏见蒙蔽了双眼（请参阅"我是机器中的幽灵吗？"一章），才会拒绝承认电脑也具有理解力、也能思考呢？

电脑刚问世不久时，英国数学家艾伦·图灵（Alan Turing）[①] 就曾做过一项著名的测试——图灵测试。他想象在屏幕后面有一个人和一台电脑，提问者可以随意提出各种问题。如果提问者无法将二者的答案与回答者对应起来，就证明计算机可以思考。在 20 世纪 50 年代，许多计算机科学家都对我们很快能够创造出可以通过图灵测试的计算机信心满满。但在研究人工智能（AI）多年后，我们却不那么乐观了。我们必须对问题进行严格筛选，才能让精密编程的计算机通过测试。而我们要问的重点在于，为什么会这样呢？

我们首先需要考虑一下电脑是如何运作的。电脑程序都是根据固定的规则接收输入的信息，随后再输出信息。机器可以处理以不同形式呈现的数据，比如在屏幕上显示的图形或是通过麦克风传出的声波。机器要进行计算，就需要将数据转换为由 0 和 1 组成的字符串或

---

① 艾伦·图灵（Alan Turing，1912—1954），英国数学家、逻辑学家。计算机理论和人工智能的奠基人之一。1966 年美国计算机协会设立一年一度的图灵奖，表彰在计算机科学中做出突出贡献的人。

是转换成与这些字符对应的电激模式。电脑计算时所使用的输入与输出数据便是这些字符。最终输出的结果又会再转换成人类能够理解的样式，比如屏幕上的一句英语或是通过扬声器传出的声音。

既然计算机需要依照固定规则进行计算，那么如果我们想创造能通过图灵测试的"专家系统"，就需要将人类知识的"表现"全部填充到计算机的记忆体系中。我们需要为电脑设定程序，以便它能在输入数据时随时访问及转换存储在其体系中的信息。输入的数据就是一组指令，在访问已存数据后，最后输出的就是整个流程的函数结果。

我能坐您腿上吗？

我们首先会遇到的问题就是，我们究竟知道多少事情。在针对人工智能前景的讨论中，休伯特·德雷福斯（Hubert Dreyfus）曾举了一个去餐厅吃饭的例子。假设我们已经在计算机中仔细输入了大量关于餐厅的资料，让电脑能回答诸如"是在上甜点前上汤吗""是先坐好再点菜吗""需要服务员提供哪些服务"等问题，但总还是有很多问题是我们知道这台电脑回答不上来的。我们可能忘了让电脑知道：人们在坐下时会摘掉帽子，但不会脱掉衣服；人们不会坐在其他人身上，也不会翘着脚吃饭；人们吃东西时会将食物送进口中；如果有持枪歹徒、犀牛或别的什么东西突然闯进来，人们大概就不会吃饭了。就算我们尽心尽力地把所有信息都提供给了电脑，但还是可能会有很多疏忽。

就算能克服这个问题，我们还得解决资料检索与组合的问题。

电脑能回答服务员要做什么（上菜）的问题，这看起来好像没什么问题，毕竟服务员确实需要为顾客上菜。但如果电脑只知道服务员的工作是上菜，当顾客问及其他内容时，电脑就不能像人类一样针对环境而灵活地回答问题：如果有歹徒闯进来，服务员要如何应对？如果有游行队伍经过呢？这都要看实际情况而定。如果服务员之前是海军陆战队队员，他可能会设法制服歹徒；但如果他是因伤残而退役的，或者现在是和平主义者，他就不太可能会这么做了。如果餐厅里有小孩，服务员可能会鼓励他们站起来看游行；但如果这些小孩调皮捣蛋，他可能也不会叫他们看游行了。我们现在看到的这种说法，就是哲学家们所谓的"精神整体论"：我们已知的事物会以无数种方式互通、调整，针对不同的问题给出不同的答案。尽管我们在计算机中存储了不计其数的信息，我们还是得告诉电脑如何运用这些数据：哪些事情是相关的，它们之间又是如何关联的。但那些数据却又是只有我们才知道如何灵活运用的，并能应用到未来的无尽情景中的规则。

我们大概可以总结一下：要知道如何消化信息，如何根据信息调整思维与应对方式，是需要常识的。智能需要灵活性，但靠编程运行的电脑在这方面是相当刻板的——从电脑墨守成规的回应里我们就能看出来，或者至少看起来就是这样的。

哪种机器？

而另一个比"精神整体论"更基本的难题，就是约翰·塞尔

（John Searle）在著名（或臭名昭著）的"中文房间"实验中所探讨的问题。你可以想象一下，你身处一个有两扇窗户的房间，从其中一个窗户递进来一张纸，上面画了一堆乱七八糟的线条，而你的身边则有个巨大的书库，其中有处理这些涂鸦的对应指令。你根据指令找到另一张对应的纸，并从另一个窗户递出去。让你意想不到的是，你正在做的就是中国版的"图灵测试"！从窗户递进来的纸上是用中文写的问题，而你递出去的纸上，写的也是中文。塞尔认为，不管指令有多详尽，你还是看不懂中文。房间外的中国人八成会认为房间里的人懂中文，能够看懂他们的问题，但他们大错特错了。你只是记住了纸上的图案形状，就像电脑能读懂由 0 和 1 组成的字符串一样，你根本就不知道这些图案代表着什么。塞尔的结论是：电脑除了二进制字符之外什么都不懂。所谓的思考与智能，只不过是个幌子。

塞尔把这项思想实验说得非常生动，我们可能一开始就被迷惑住了。不过，更明智的做法是多想一想。这个实验试图证明的观点是否太多了？假设我们让房间里的你和电脑一样，都是句法机器，只能对输入的图形与句法做出回应。塞尔的观点似乎表明，不管句法机器有多善于通过"图灵测试"，它始终不是语义机器，无法将语义附加到词语上，也就无法理解词语所代表的含义是什么。但如果要论证任何句法机器都无法成为语义机器，一定要更加谨慎，不然我们可能一不小心就会得出"我们自己也无法表达事物"的结论。如果塞尔的论证是合理的，那么这个论证就可能会对"我们能够表达事物"这一想法产生影响。

要理解这一点，我们需要回顾一下前面的论证（请参阅"我是机器中的幽灵吗？"）。当我梦见去巴黎林荫大道时，神经生理学家借机对我的大脑做了检查，除了处于兴奋状态的神经元，他找不到任何与林荫大道明显相关的东西。假设这时你问我："香榭丽舍大街上有商店吗？"这个问题会诱使我在回答问题前便预设那儿有商店。从我听到你的问题开始到我做出回答之前的这段时间，我脑中并没有什么与巴黎有关系的东西存在，只有一个回应声波（或线条）模式的系统，发出电子信号，最后产生、输出另一种声波。整个过程看起来似乎只有一堆乱七八糟的线条，所以我们才会把自己看作句法机器，而非语义机器。

找错地方了？

不过我们已经认识到，这并非能找到意识的方法（请参阅"我是机器中的幽灵吗？"），因此，我们必须要接受一个事实：这也不是能找到表征的方法。塞尔是对的，在中文房间里的你，的确不懂中文，就和神经元不懂英语是一样的。因为真正懂这些的是我本人，我这一整个系统。

所以现在的问题就变成了：我们究竟是如何从句法机器变成语义机器的？塞尔倾向于认为，这是只有生物才会有的荣耀光环：我们是由正确的事物组合而成的，但电脑不是。可是这种说法似乎无法自圆其说，因为这根本就是要我们完全接受洛克所说的"上帝的美意"（请参阅"我是机器中的幽灵吗？"一章）那套观点。把组成电脑的"硅"或其他什么东西替换构成我们的物质"碳",并不能简单解决这一问题。

其他哲学家指出,所谓的"表征",其实都有是否合适、是对是错这样的维度,我们可以用错误、不准确、不恰当的方式表征某一事物。不过,这个说法最好不是在"上帝的美意"之外,将对与错附加到物理表现上。我们需要明白,表征究竟依靠什么来让我们评判对错。通常来说,事物在因果序列中所造成的结果没有对错之分:它们本来就是如此存在的。

然而,我们所需要的答案,都必须要从因果共变中寻找。所有的系统都是靠着在因果上与事物共变来实现表征的,就像动物会为了适应环境而不断进化。在环境中的事物都是通过电子记号实现表征的,这意味着环境的特征(比如气味或声音的存在,又或是在某个情境中呈现出来的事物)决定了信号所指的特征。这些事物会确定信号所指出的特征,最终可能会做出不同的信号输出,比如进食、逃跑或其他什么。对低级动物而言,输出内容往往与输入内容有关:当雄蛾嗅到信息素时,就会朝着来源径直飞去。其他动物则更加复杂,做出的反应也会更加多样。就像我们所说的,动物会将注意力集中在天敌或猎物身上,并根据它们的举动实时做出不同的反应:在这里,我们便谈到了动物会对自己表征出对应目标的动作,比如它会预判对方接下来的举动,就像棋手会在下棋时预判对手下一步怎么走一样。在这种情况下,对错是有根据的:如果某个动物做出了看见猎物时的反应,但实际上那是它的天敌,那麻烦可就大了。

进化成功将人类从环境的禁锢中解放了出来，大多数动物却做不到这一点。

进化成功将人类从环境的禁锢中解放了出来，大多数动物却做不到这一点。我们可以在心里反复演练行动策略，可以想起记忆中的事，或者在想象中做出预判。这就是心灵的"意向性"或直接性。当塞尔"中文房间"里的人看到纸片上的图案时，这些符号无法引导他的大脑；但当我在书本上看到或在脑中想到英文词句时，它们却能引导我的大脑。

新方向

如果这一切都是正确的，那么要使机器具有意向性的第一步，就是找到和意向性类似的东西，这一点或许我们能在《星球大战》中 R2D2 那种能和环境互动的机器人身上找到；或者也可能会在家用机器人身上找到，比如当它收到"地上有杯子"的指令时，它会伸手将杯子捡起来或者往杯子里倒满茶。一旦它的动作变得复杂起来，我们就开始用关于思考的语言来描述它了，如我们可能会说："看，它觉得需要再倒杯茶"等。我们实际上正是采用了丹尼尔·丹尼特所说的"意向姿态"，这或许是我们对行为进行预判的最佳方式。如果看到一个又脏又乱的房间，我们可能会想，最好明天再让 R2D2 进来，东西这么多，它一定会东撞西撞的。和电脑下棋的人可能会想：它似乎想把皇后放在后排；它可能更喜欢用骑士而不是主教进行进攻等。

有些思想哲学家认为，我们只要接受了"意向姿态"，问题就解决了。只要我们能用这种方式来描述机器，就能解决它是否智能、是否能思考，以及它们究竟在想什么等问题。这种立场也被称为"诠释论"，即主张所有心理事实只存在于旁观者眼中：如果诠释者确定某个人或某个东西在思考，那么他或它就是在思考；要是没有人这么认为，那就不是在思考。如果"诠释论"是正确的，那么机器只需要表现出让我们认为它在思考的样子，并能用语言将其描述出来。不过不幸的是，我对此持怀疑态度，因为它似乎并未触及我们自己能否思考的问题。我能想到需要往杯子里倒满茶，机器也能做出同样的行为，这是一回事；但如果就这么把它说成是智能的或是有思想的，那无疑是又向前迈了一步。我们或许会担心我们自己的思想是否也在做着机械的动作。我们的思想其实具有原始、基本的意向性，虽然我们可以说自己的思想属于这种或那种系统，但其实也没解释出什么。

我们或许可以试着将动机考虑进来。假设一个机器有监测自身状态的电路（当然，汽车已经有了），再假设它的程序是这样设计的：当事情发展得偏离预期时，就要发出求救信号，就像动物在无法繁殖后代时表现出来的一样。进一步假设我们加上了回避或搜索行为，当机器检测到求救状态时，便会径直赶去加油、充电，或者做任何它需要做的事情。进化使我们变成这样，但我们要让自己再将机器设计成这样。我们会再次发现，在这里我们所探讨的其实是机器的需求，以及获得满足的策略。机器变成了不可忽视的行为者（如果你挡住了机器去找电池的路，就可能会被它打倒）。它坚持寻找电池的这项任务，如今看起来就造成了从句法到语义的转变。究竟是哪个 0 或 1 的字符串让它做出这样的举动其实并不重要（毕竟我们也还没搞清楚，究竟是什么让我们能够思考）。真正重要的是寻找一套描述、诠释的标准，让我们可以说，因为它需要电池，所以做出了如此的举动。

再回到餐厅的问题上来，我们所知道的大量内容，以及灵活的应对方式，让我们不禁开始怀疑"图灵测试"的公平性。假设 R2D2 就在我身边进行"图灵测试"，我可以将自己当作模型，进而预判他人会怎么做，但是 R2D2 却做不到这一点。并不是说曾有人告诉过我，如果有犀牛闯进了餐厅要怎么办，而是我可以在自己心里预演这个场景，把自己当成试纸一样来做实验。我会让自己运行所谓的"离线模拟"，那么当犀牛闯进来时，我当然就不吃饭了！因此，我就可以正确回答出"人们会停止吃饭"的答案。由于 R2D2 的系统无法反映其他人的系统，所以它无法进行这样的模拟。如此看来，"图灵测试"对它来说似乎不太公平：这就像让一群不同文化程度的人做智力测验，但考的却是对英式棒球或美式棒球的熟悉程度。如果我对 R2D2 了解有限，对于与它相关的问题，我大概也会回答不出来。如果没人告诉过我，R2D2 遇到犀牛时会有什么反应，我可能一个字也答不上来。所以如果要我参加与 R2D2 有关的"图灵测试"，我也无法通过。

要想理解这一切，我们还需要了解更多知识，尤其是当我说我们从环境的禁锢中解脱出来时，这说明，我们的思想已不再局限于目前能实现因果互动的事物上了。但同时这也意味着意向性或我们思想的直接性所涉及的内容比因果共变还要"多得多"。如此看来，人们可能会感到担忧，害怕即使我们对最先进的控制系统，对功能最多的机器做足了研究，还是无法真正了解自己的思想到底是怎么回事。不过，不管我们怎么认为，哲学的任务并非用"思想是什么""思考要如何运作"来取代魔法，更不是掩盖面对无解时的绝望。

为什么要听话？

有观点认为：只有失败者才论道德；如果你让道德挡住自己的路，那你就是个傻子；其他人会竭尽所能打败你，所以你最好先下手为强。在柏拉图的《理想国》中，苏格拉底就与这种态度进行了长期斗争。

如果你能全身而退

在《盖吉斯的隐形戒指》（*The Ring of Gyges*）这篇神话故事中，苏格拉底放大了这个问题，而向苏格拉底提出这个问题的，是这场对话中的另一位主人公格劳孔。在这个神话故事中，牧羊人盖吉斯得到了一只能让佩戴者隐形的魔法戒指。盖吉斯戴着这只戒指进入王宫，勾引王后，谋杀国王，并篡夺王位。从盖吉斯的角度来看，这个结局再好不过了——谁不想这么做呢？

假定有两只这样的戒指，正义的人和不正义的人各戴一只，在这种情况下，可以想象，没有一个人能坚定不移，继续做正义的事，也不会有一个人能克制住不拿别人的财物。如果他能在市场里不用害怕，要什么就随便拿什么，能随意穿门越户，能随意调戏妇女，能随意杀人劫狱，总之能象（像）全能的神一样，随心所欲的（地）行动，到这时候，两个人的行为就会一模一样。[①]

换言之，如果将道德与其后果分开，就会发现每个人都将道德当成一个麻烦，也都将道德看作他们自由行动的阻碍。

这里所蕴含的心理学理论是，我们只有在道德伦理符合我们的利益或在害怕违背伦理所产生的后果时，才会依据道德行事。当然，社会很善于灌输这种恐惧：毕竟我们谁都没有盖吉斯的隐形戒指。在日复一日的生活中，诚信无疑是最好的选择，谎言终将被揭穿，并且得要为此吃苦头。但不幸的是，总有人抱着侥幸心理，以为自己偏离正轨后，还能全身而退。在某些情况下，有人觉得值得冒险，稍有偏差的情形也很常见，几乎不值一提。商人可能会因为欺诈而坐牢，却不会因为贪婪、嫉妒、傲慢而锒铛入狱。

苏格拉底和后代哲学家们花了大量精力，试图建立一个道德高尚的世界，他们希望能证明，尽管格劳孔的故事十分诱人，但有道德的生活终将能够获得幸福。我们其实并不太在乎社会对我们的评价或奖赏，只会因为个人利益的得失而堕落。在这种乐观的看法下，

---

① 引自柏拉图著，郭斌和、张竹明译，《理想国》，商务印书馆，1986 年。——译者注

坏人难免会寝食难安；他们也不会对自己的所作所为打从心里感到满足和骄傲；就像莎士比亚笔下的理查德三世和麦克白一样，他们会因自己的罪行而备受煎熬，在深夜也会被受害者的哀怨纠缠。这就是人类良知对非道德行为的报复。

幸福快乐

相信这种说法确实不错，可惜这并不是事实。睡得安稳的坏人多的是，他们甚至还会为自己从竞争激烈的法则中存活下来而沾沾自喜（你可以想象一下，盖吉斯在运用魔力时会有多高兴）。要不然，他们就是丝毫察觉不到自己有多失败。生活中可悲的事实之一就是，坏人并不自知，他们丝毫不认为自己是坏人；冥顽不灵的人总是认为自己十分理性；残酷也往往披着善良的外衣——人性中的恶都有类似的假象。即使是再有良心的坏人，知道自己是受诱惑故意作恶，但只要知道能侥幸逃脱，也会沾沾自喜。

坏人不一定不能发达，好人也不一定就能幸福。"福因善积"是传统教条中的另一支柱，但也不见得有多可信。有的人的确高风亮节，但却会因没能做得更好而心烦意乱。一些十分善良的人也可能会主动承担更多的责任，甚至将并非自己导致的错误归咎于自己。或者，他们可能做得无可挑剔，但造化弄人，最后会因自己没能抓住获利的机会或是看到他人全身而退而懊恼不已。在这种情况下，他们可能会将自己视为自身品格的牺牲品。古代斯多葛学派继承了苏格拉底的观点，并将道德与幸福的关系提升到"好人就不会遭遇不幸"这种令人难以置信的高度。该学派认为，一个人的美德是不会被腐蚀的，那么他的幸福也不会因为外界影响而改变。这种崇高的理想的确具有吸引力，但稍微现实一点便会知道，好人也会受到伤害。《圣经》中的约伯便是如此，尽管故事的最后魔法使得一切都皆大欢喜。

所以，如果幸福与否还是要看运气，而不是美德，那我们为什么要做好人呢？有些宗教会立即反驳道：如果你是个好人，那么上帝就会在来世奖赏你，否则就会让你备受折磨。如果尘世的正义无法裁决坏人，那么也一定有其他地方能惩罚他，比如在死后的另一个世界中。这个说法拿来吓唬小孩子挺不错，但我们实在没有理由相信。毕竟，若是造物主真的如此看重正义，那为什么他唯一的作品，也就是我们所见到的这个世界，却毫无正义可言呢？而且无论如何，美德似乎都给不了我们想要的东西。我们想探索道德的动机，我们关注的是正直、真理与诚信本身。想为它们加上死后的奖惩，也不过是为自己寻找了一个能够只关心自身利益的空间罢了。就算利己行为所追求的幸福只在未来才可能隐约出现，但它从本质上来说依旧是自私的行为。

多少个问题？

如此看来，无论是希腊罗马的古典传统还是基督教的传统，似乎都无法给我们一个满意的答复。为了找到更好的答案，我们可以从对问题本身的质问开始（这也是非常典型的哲学策略）。我们为什么会提出这个问题呢？为什么这个问题相比于"为什么要会音乐""为什么要健康""为什么要帮助孩子长大成人"更亟待解决呢？大概是因为，人们自认为相较于其他动机，道德动机更特殊、更神秘。但这样对吗？

大卫·休谟探讨这个问题的方法，是提醒我们反思自己已知的事物。比如，我们能知道别人是在说我们的好话，还是我们的坏话。如果有人说我们明智、谨慎、公正、勇敢、有公德心、善于合作、尽职尽责、诚实守信，我们或许会高兴得脸都红了，并且对他们连连称谢。如果有人说我们愚蠢、反复无常、懦弱、自私、不团结、不负责任、不诚实，我们就知道自己受到了批评，也不太可能会感谢他们。我们会在母语中吸收这些词的评价取向，其他词语也是一样的：

> 除了谨慎、小心、进取、勤奋、刻苦、朴素、节约、思维缜密、明智、敏锐这些赞美之词，我认为还有许多美誉，就连最坚定的怀疑论者一时之间也无法拒绝。比如：节制、清醒、耐心、不屈不挠、深思熟虑、体贴、严守秘密、守秩序、觉悟高、言之有理、有风度、才思敏捷、能说会道。除此之外还有成千上万的词语，不会有人否认它们所代表的美德。

人们喜爱这些品质，从小也接受着这样的教育，并且不断实践。如果我们有幸生活在良好的成长环境中，我们自然也会拥有这些品质。因为有毅力，我们就会不断努力；因为有耐心，我们会等待来晚的朋友；因为有进取心、有远见、勤奋、节俭，我们也会做出相应的行为。不用问为什么：我们就是会这样做。

这也暗示了一个更重要的问题，"为什么要有道德"并不仅仅是一个问题而已。形式上，"为什么我应该做应该做的事"看起来没什么问题，第一个"应该"其实就已经告诉我们这是该做的事情了。这不是要求你去做什么的证据，而是根据其他事实权衡后所得出的结论。当然，在某些特殊情况下，受到特殊诱惑的人也会提出一些特殊的问题，这或许需要特殊对待。"为什么此时此刻，在这种明明可以免受责罚的情况下还要行善"就是一个值得特殊对待的问题，但在不同的情况下，这个问题也会以不同的形式呈现。对于身处特殊情况中的人来说，"为什么在我不需要坚持的时候，还要咬牙不放弃"或许是个好问题，但永远没有标准答案。这个问题的答案要根据坚持的意义是什么，或者究竟是什么样的情况而定。答案或许会是"因为你之前答应了""因为如果你不坚持，就会失信于他人""因为如果你能坚持下去，就一定能解决问题"等。

> "为什么在我不需要坚持的时候，还要咬牙不放弃"或许是个好问题，但永远没有标准答案。

为自己打算

古代作家认为，无论在什么样的情况下，这样的回答似乎都不够完善，也无法令人满意，除非这个答案在根本上是与行为者的自身利益挂钩的。这就是利己主义。这种理念认为，在实际情况下，合乎理性的事就是完全追求个人利益。但这都只是错觉而已。假设一位母亲问自己：为什么在累了一整天之后，还要给孩子讲故事。答案是"因为孩子喜欢听她讲故事"，或者"因为孩子需要听她讲故事才能睡"，这些答案似乎足以回答她的疑问了。没有几个母亲会继续追问："我为什么要为孩子的喜好或需要而操心受累呢？"如果真的有人这么问，那我们就得注意了。

或者，也可以想象，一位受过良好训练的士兵或者一个学业有成的学生，他们的脑子里可能会闪过这样的问题："我为什么要尽一份力呢？""因为这是你的责任""因为这是大家对你的期望""因为如果你不这么做，我们会很失望"这样的答案可以充分回答这个问题，若是一切顺利，这也许就是最终的答案了。实践推理必须到行为者完全根据自身利益考量为止，这本身就难以理喻。我们是社会动物，而且幸运的是，我们关心的事远不止于自身。我们会像爱自己一样关爱他人，会用"我们"代替"我"——不管"我们"二字指的是家庭、朋友、俱乐部、部落、国家，还是全人类。如果有人说，"你这样做会让我们失望"，而你还继续追问，"如果我不这么做，对我有什么好处"，那么你实在是想太多了。

当然，如果我们扩大"关怀圈"，我们关怀的范围就会变得模糊，有时甚至会勉强敷衍。对于那些无法立即触动我们的事物，我们可能不会像对于直击心灵的东西一样那么热爱。尽管在道德层面上，我们应当一视同仁，但人类似乎就是无法做到这一点。就像我们对未来某件事所感到的害怕，总是比不上对近在眼前的危害那么害怕一样。不过，我们不能一视同仁地关爱他人，并不意味着我们不能将爱扩散到他人身上。

　　一旦行为者被适当"社会化"，他就会"内化"他人的声音：他知道，如果自己做了什么卑鄙的事，他就会被人批评，或者被他所伤害过的人怨恨。这些声音就会变成他的内心指引。很少有人能对这些内心的声音充耳不闻，虽然这种人也并不少见。这些在社会情感上有缺失的人，并不会成为理性的典范，而是或多或少存在精神问题。

　　所以，当一个人发现某事会对他的家人不利时，实践推理就会终止了，这种推理有时甚至会指向过去，而非将来。对于"我为什么要对 X 好"这个问题，"因为他（她）之前也这么对你"这个答案似乎就足够令人满意了。认识到某种行为是出于感激、承诺或责任，就足以让一个人下定决心去这样做了。无论是关于自己的，还是关于他人的，未来的利益都是无法计算的。值得注意的是，动物也有这种动机。在一项著名的实验当中，灵长类动物学家弗朗茨·范德瓦尔（Franz van der Waal）和同事们就发现，如果一只僧帽猴发现自己在完成任务后得到的奖励比另一只猴子的少，就会对实验人员大发雷霆，不情愿享受较低的奖励（经济学家、银行家和公司老板大概都会觉得这实在难以理解）。

看看你自己

　　我们所喜爱的这些特质（例如感恩），是否从石器时代开始，就让拥有该特质的人较其他人拥有更多的子嗣，随后这些特质才被流传下来了呢？这实际上是另一个单独的问题。这种推测可能是对的，但也只是提供了心理学解释，而不是给出了准确的答案（请参阅"人性是什么？"）。母爱可能是适应环境的结果，但母亲也都是爱自己孩子，而不是爱自己的基因。

这些说法看起来似乎较为合理，但始终未能触及人类的实际生活。不良政治决策所造成的后果，未必会直接反映到决策者身上。丛林法则在对抗这些政治决策时，比我们彼此对抗时可要明显得多。马基雅弗利（Niccolò Machiavelli）[①] 很早以前就注意到，作为政治统治者，王子必定会比普通民众表现得更加糟糕。因此他在《君主论》（*The Prince*）第 18 章中就曾这样说：

> 因此，对于一位君主来说，事实上没有必要具备我在上面列举的全部品质，但是却很有必要显得具备这一切品质。我甚至敢说：如果具备这一切品质并且常常本着这些品质行事，那是有害的；可是如果显得具备这一切品质，那却是有益的。你要显得慈悲为怀、笃守信义、合乎人道、清廉正直、虔敬信神，并且还要这样去做，但是你同时要有精神准备作好安排：当你需要改弦易辙的时候，你要能够并且懂得怎样作一百八十度的转变。必须理解：一位君主，尤其是一位新的君主，不能够实践那些被认为是好人应作的所有事情，因为他要保持国家（stato），常常不得不背信弃义，不讲仁慈，悖乎人道，违反神

---

① 马基雅弗利（Niccolò Machiavelli，1469—1527），意大利政治思想家、历史学家。在《君主论》一书中阐述了政治作为一种权术的要旨，其政治哲学被称为"马基雅弗利主义"。

道。因此，一位君主必须有一种精神准备，随时顺应命运的风向和事物的变幻情况而转变。[①]

政治并非一项清廉的事业，一个好的政治领袖若想成功，无论是逐渐手握权力，还是领导本国战胜他国，都不能太心慈手软。这一点即便是在民主制国家也是一样的，或者，在民主制国家尤其得如此。因为领导者所侵犯的对象——无论是国内还是国外——他们所投出的票，对于政府而言可谓无关紧要。政治家或许知道，自己违背了两国合约，或者对敌国撒谎，隐瞒自己的侵略意图，他知道对方会了解这些，但只要给他投票的人不知道或者不在乎，他就丝毫不会觉得愧疚。

或许我们很难找到能让政治领袖不听从马基雅弗利观点的方法，但智慧之路也并非总是寻求论据而已。在这种情况下，智慧之路将包括自由独立的新闻与其他媒体，以及一种能让更多民众为自己领袖的行为感到羞愧的文化。

就算民众之前对此充耳不闻，但经验教训也会让他们铭记于心。贸易和旅行的好处之一，就是让人们能够接触彼此，打破国与国间的壁垒。相反，骇人听闻的"格伦科大屠杀"之所以令人发指，主要是因为坎贝尔家族在麦克唐纳家族生活一个月后，竟屠杀了麦克唐纳家族中的男女老少。在苏格兰法律中，这属于"背信谋杀"——比其他谋杀行为更加可耻。该法规看起来似乎是正确的。由此看来，要是想

---

① 引自尼科洛·马基雅维里著，潘汉典译，《君主论》，商务印书馆，1985 年。——译者注
《辞海》中为"马基雅弗利"，此处遵从原书。——编者注

让我们更有人情味儿，或许最好的方法就是多与他人接触交流。

或许我们还有其他理由认为，还存在一些我们尚未察觉且未知的力量比论证更能影响我们的行为。我们可以借用近期的一项社会科学实验进行论证。纽卡斯尔大学心理系有一个公共咖啡厅，人们在拿到咖啡或茶后，应该支付相应的金钱，以供后续采买。不幸的是，大家几乎都不付款。人们就像逃税者一样，只要可以，便想抓住机会逃税。所以，心理系的一些成员每周都会公布新的价目表。每周的价目表上，咖啡的价格其实没有变，只是放上了不同的图片，比如鲜花或者某张露出一双眼睛的照片。图片上的人脸每周都会变，但是不变的是那双眼睛，总是直视着看向价目表的人。在价目表上放有眼睛照片的短短几周内，收到的咖啡钱是只放鲜花时的 2.76 倍。研究人员表示，他们对此也感到震惊。这似乎显示出，就算是再微小的刺激，只要能让我们觉得在被监视着，就足以遏制我们的粗心和欺骗心理。那些付了钱的人丝毫不会觉得自己在被他人监视，但无论他们是否能意识到这一点，光是想法本身，就足以改变他们的行为了。或许，这也有助于解释为什么宗教会一直存在（请参阅"我们需要上帝吗？"）。

我希望之前所讨论的三个反思能够帮我们解答"为什么要听话"这个问题。第一个反思是我们先前所说的，回答这个问题需要的通常不是论据，而是经验。第二个反思则是答案通常在我们的天性中，这种天性使我们形成了社会性动物的文化。第三个反思是这并不是单一的问题，而是一大堆完全不同的问题，而每个问题都要根据不同的人在不同环境中面对不同的决定与诱惑，选择要如何解答而定。我们无法给出标准答案，也不需要所谓的最终答案。

一切都是相对的吗？

容忍、真理与秘密

2005 年，在枢机主教拉青格（Joseph Alois Ratzinger）——也就是后来的教皇本笃十六世——获选为新教宗的前夜，他在布道时提出了自己的主张，其主张不是消除贫困、战争或贪婪，而是对抗所谓的相对主义，也就是当大家说出"这取决于你怎么看""取决于对谁而言""你觉得可以的话就行"，或是年轻人的口头禅"随便""都行"时所表达的态度。更确切地说，相对主义认为所谓的真理是不存在的。

只有你的真理、我的真理、他们的真理才是真实存在的，若想给其中一种观点赋予特权，无非是炫耀权力罢了，也就是会轻视或不尊重他人。最极端的便是帝国主义与殖民主义。

教宗的焦虑

我不确定教宗在选择目标前是否经过了深思熟虑，因为要对抗

猫咪组成了猫头（约 1810）
日本学校（19 世纪）

相对主义，就要面对一个特殊的问题，那就是：相对主义者会以自己的方式来解读布道，就连教宗也无权干涉。教宗号称权威，也被视为上帝在地球上的代言人。因此，他自然要捍卫自己的真理、客观性、知识、理性与确实性。他要说，他自己正在揭示真理。但相对主义者却会满不在乎地耸肩说，那不过是他自己的真理。教宗所打响的这场战斗，是为他自己而战，更是为一种相对闭塞的世界观而战。这是他的观点，而我有我的观点，你也有你的。归根结底，世界上所有的事物都不过如此。

我们可以理解为什么教宗对这种处世态度如此在意，这同样也给哲学家提出了挑战。当哲学家开始捍卫保守立场，坚信有真实的标准存在，而且不只是在科学领域存在标准，甚至在伦理学、美学、历史和社会学领域也都存在标准，并认为我们可以追求客观合理甚至真实的观点时，便不得不面对相对主义的挑战。哲学家所害怕的对手其实并不是这个领域内直接反对我们的判断的那些人。毕竟我们使用的是同一种语言，我们能指出所谈论事物的特征，会认为这些特征可以说服对方，而对方也会罗列出自认为可以说服我们的内容，整个争论过程会持续到一方被说服为止，抑或是双方握手言和，又或宣战。

我们真正厌烦的其实是那些自认为凌驾于一切之上的相对主义者，这种人会觉得自己是站在上帝的视角，看着凡人无休止地争论。他们会寻求人类的真实面目，究竟是动物为了生存而经历历史演化时采用不同尺度所得到的不同读数，还是不同意志间的冲突。他们看透了其中的权力布局、操纵与运作，也见识了诡辩之术。但是，若其中有谁谈及了理性与真理，他们则认为一切只不过是重演罢了，只是徒增华而不实的狡辩而已。

哲学柔道

这种愤世嫉俗并不新鲜，在柏拉图的多篇对话录中，苏格拉底的主要对手就是这种人，柏拉图倾其全部推理能力来对抗高吉阿斯、普罗塔哥拉斯和卡里克雷斯等人。他发明了一种反驳这些人的经典论证方法，即所谓的"自我反驳论证"。这种论证旨在证明相对主义者事实上会陷入某种自相矛盾的状态。这种构想的第一步即让相对主义者先发表某种观点。举例来说，相对主义者可能会说："真理就是在彼此的论辩中揭露出来的，因此，所有的观点都一样好、一样正确。"柏拉图主义者便趁机抓住这一结果反击道："你们说所有道德观点都一样好，但我却认为有些观点就是优于其他的。因此对我而言，这便是真的；你的观点充其量是对你来说为真，毕竟按你的论据来说，你不能说自己的观点比我的好。"

> 你们说所有道德观点都一样好，但我却认为有些观点就是优于其他的。

这一论证方式就像完美的柔道空翻动作，也为后来许多杰出哲学家所沿用，最好的例子非卡尔·马克思（Karl Marx）① 莫属。马克

---

① 卡尔·马克思（Karl Marx，1818—1883），无产阶级革命导师，马克思主义的创始人。主要著作有《资本论》等。

思认为，一切价值观都是意识形态，即所有的价值观都是特定时代、特定经济力量作用的结果，没有任何能跨越历史的权威。但他也承认价值观之间存在差距，比如，共产主义统治的世界在本质上会比资本主义世界更加公平、公正。这里或许有待商榷。如果这一观点本身就像我们看到的那样，只是一种意识形态而已，那马克思自己又要如何看待这一观点呢？如果他意识到这只是一种特殊的知识分子阶层的观点，代表了19世纪中期资本主义下的社会经济文化，难道他的一腔热血不会被冲淡并最终被摧毁吗？因此，相对主义者的问题就在于，他们自己必须站在某个立场，但是似乎又一直在否认立场的存在。

由此看来，只要相对主义者将学说套用到自己身上，就会出现这种问题。相对主义者若是一方面主张"所有观点都是一样好"百分之百是真的，另一方面又认为该观点并非完全正确，只是于他自己而言为真，那么他是否就将自己置于矛盾的境地了呢？

我并不这么认为。相对主义者不必将自己的观点推论得比他眼中所见到的世界还远，他可以否认自己的说法"绝对为真"。他反对的是某些人所粉饰的痴心妄想般的真理观。这种人认为，若不加以粉饰，人们便无法保持某一立场，这也正是他们对相对主义者持怀疑态度的原因。绝对主义者认为，真理和理性的尊严是必要的粉饰，是实现人类活动不可或缺的礼袍，否则我们的活动便无法进行。我们需要将自己视为爱好真理、拥护善良之人，因此我们必须让真理（甚至是绝对真理）的外衣更加贴身、舒适。但是，在我们看来象征地位的礼袍，在相对主义者眼中不过是伪装罢了。不过，尽管看不上礼袍，他也能做到与其他人和谐相处：他可以提出自己的主张，甚至希望能以此说服其他人，但却不会对其加以粉饰，不会掩盖其本来的面目。因此，谦和的相对主义者或许有机会躲过刚刚那一矛盾的境地。

在哲学上，通常是这样的：当双方都能快速严阵以待时，我们就会怀疑是否双方都犯了同样的错误。在这种情况下，共同因素在于以下观点：不管是伪装还是礼袍，真理及其拥护者都是经过了包装的。但如果事实并非如此呢？直白点说，假设关于真理（甚至绝对真理）的概念并没有什么可争辩的，是否是因为真理这个概念本身太小了，并无争论的必要呢？

放弃希望

许多研究逻辑与真理的当代哲学家都是这么认为的，我们或许可以将这些人称为"通货紧缩主义者"。假设我们在斟酌某一真理——就拿"我相信牛哞哞叫"来说。我这么和你说了，你可能会说："对，这是真的。"你也可以说："对，牛是哞哞叫的。"这两句话的意思完全相同，而根据通货紧缩主义者的观点，如果我们想要理解"真理"这一概念，这就是关键所在。如果我们想到任意命题P，那么当我们讨论、怀疑或否认"命题P在……情况下为真"时，就正是在讨论、怀疑或否认命题P本身，就好像"真理"这一概念是透明或隐形的。通货紧缩主义者认为，这就是理解整个真理概念的关键所在。

这种观点为什么会对关于真理的辩论产生影响呢？该观点认为，保守主义者与相对主义者之间斗争的根结实际上就是同一个问题，而非双方所相信的两个议题。若要发起争辩，就必须要以日常话题为主题。既然相对主义者时常在涉及伦理学问题时遭遇困难，那么我们便不妨谈谈死刑合法化这一伦理问题。参与辩论的相对主义者认为，在这一论题之上还有第二个哲学问题，也可称为"反思性的二阶问题"，即死刑合法化这一问题是否为真议题？保守主义者会给予肯定回答，就算要以面临伦理现实为代价；而相对主义者是不会甘愿付出这种代价的，所以他们会否认死刑合法化的问题。通货紧缩主义者则会直接否认这一二阶问题的存在，他们认为唯一需要解决的问题是，是否应该允许死刑的存在。如果我们经过仔细推细敲最后认为死刑应该合法化，那也就不必再说一句"另外，这是真的"了。这不过是我们最初对于死刑应该（或不该）合法化这一结论的重复而已，而这正是我们一开始所要处理的那个道德问题的结论。此时所谓特殊的二阶问题也已被一开始的道德问题一同吞并了。

相对主义论战中争论双方都说对了某些事，但也都有混淆之处。绝对主义者或保守主义者的想法是正确的，在决定死刑是否应该存在时需要仔细思考复仇、威慑、国家权力等复杂又有争议的概念，这绝非断章取义就能轻易决断的。相对主义者也有言之有理的说辞，所有面临死刑的人都逃不开其经历的影响，包括他们的近期生活，以及判定喜恶、荣辱的因素。但是关于二阶反思这一点，绝对主义者与相对主义者都错了。他们都没能意识到，这个真假的问题实际上是在决定死刑是否应该存在前就要考虑的，对于决策起着或推波助澜或阻碍的作用。若想发表关于死刑的观点，就需要专注于死刑本身，以及支持或反对它的复杂因素上。一旦你将这些因素都考虑进来，就可能会采取某一立场。你可能会说"死刑不应存在"，或者采取另一种表达方式"诚然，我们不应该允许死刑存在"，再或者"事实上，死刑就是不应存在的"，以及"你最好相信，不应该存在死刑""死刑不应存在，这才符合自古以来的行为准则"。不过后面这几句并没有比你最初的那句多说出什么内容来。或许我们会觉得，这样可以循序渐进、更强烈地表达出观点，但事实上，说了半天还是在原地打转，还是同一个意思。

还有别的吗？

我猜教皇可能有种被骗了的感觉。他卖力地呼吁要标准，而且是真正的标准，但哲学家所能给他的只有这些苍白的说法；他想沐浴在真理之中、想要确凿的事实，然而哲学家却声称已经给了他真理，虽然屈指可数。通货紧缩主义者说，不管你对哪儿有意见，都可以随时表达出来，或许可以用"诚然……"来开头。这两者从本质上来说区别并不大。

绝对主义者和保守主义者都想要更多，他们试图推翻通货紧缩主义者的说法。他们的其中一个论点是，我们需要保留"真理"这个观念，并将其作为探究事物的规范或理想。但通货紧缩主义者会说，他们可以完好地保留任何有价值的观点。并且会说，他们是通过概括升华全部观点的方式进行推理的，比如：当且仅当花园里真的有猫的时候，你就应该相信花园里有猫；当且仅当偶数等于两个质数之和时，你就应该相信一个偶数是两个质数的总和。这种说法不需要任何真理概念就可以提出来，但若要总结这种形式的推理，就是：你应该相信真实存在的事物。所以通货紧缩主义者认为，真理不过是一种"一般化的手段"罢了。同样，在论证科学中的真理时，保守主义者可能会用所谓"世上无奇迹"的观点来论证。这种论证方法是这样的：如果科学不能让我们获得真理或者靠近真理，那么科学能够成功就只能用奇迹来解释了。通货紧缩主义者反驳道，这也就意味着，如果你提出一个科学观点，比如电子所带的电荷是 1.602×10^{-19} 库仑，那么若要解释科学为何如此成功所需的理由就是——你听好——电子所带的电荷刚好是 1.602×10^{-19} 库仑。这里也未曾提及真理。不过，科学本身的解释就是其成功的理由，而且也没有别的更好的理由了。

如果保守主义者还想要更多的解释，那么通货紧缩主义者的观点或许就是他们所需的良方，他们不应该去担忧。保守主义者就像教皇本笃渴望权威一样，想为做出判断的重担找个借口，想让世界以十拿九稳的语气告诉他与世人究竟该想些什么。他希望有"世界之书"的存在，记录着万物之声的真理，人人都要遵循它的法则。但世界上并不存在这样的声音，也根本不可能存在。（正如柏拉图所说，哪怕是上帝也无法让所有人都听他的。上帝要是没读过"世界之书"，他的声音便也是武断的：究其根本，也不过是另一种形式的政治压力罢了。）当年轻人意识到父母及老师所言并非真理时，便会转变为相对主义者。

保守主义者的这种愿望是很难满足的，但这也绝非相对主义者的胜利。请记住，相对主义者的立场是基于争辩之上的，是以上帝的眼光来看待所有的争论。即便是道德争论，相对主义者口中的"那只是你的观点"也谈不上是反驳，这句话更像是终结争论。但实际上，许多争辩不是可以轻易终结的，毕竟在很多事情上我们都难以做到求同存异。很多时候，需要求同存异的是品味或生活方式上的问题，而非道德问题。如果你认为死刑合法化是正确的，但我却认为任何情况下都不该施以死刑，那么我们便有了分歧，甚至需要解决这一问题。这不是品味或生活方式的问题。若要试图解决这个冲突，相对主义者那句"那只是你的观点"看起来可谓无用至极。我们当然会维护自己的观点，除非是在撒谎或作违心之论，不然那就只是我们做出断言的方式而已。我们提出自己的观点，其实是为了和他人分享，哪怕只是被人否定。我们将自己的观点置于公共空间，让大家都能参与到讨论推理中来。我们的观点能否幸存，与它们是否摘自"世界之书"无关，但却与我们要考虑的是什么息息相关：无论是死刑应当存在，还是死刑应该禁止，抑或是其他什么问题。要讨论推理的是问题本身，而非与该问题相关的哲学理论。

如果我们坚守通货紧缩主义的观点，便可意识到，在坚定某些观点为真，而某些为假时，并非带有帝国主义、殖民主义的意思。生而为人，没有谁能心中毫无信仰地活着；与之相对的，每个人心

很多时候，需要求同存异的是品味或生活方式上的问题，而非道德问题。

中自然也会有不相信的事情。基于此，人们便可以自己判断哪些为真、哪些为假。这个世界上并不是只有迂腐顽固的殖民主义者才会有信仰。

尊重

如果仔细想一想，相对主义者自诩为尊重差异的哲学流派，而且坚决对抗其他流派的帝国主义与殖民主义态度，这是挺耐人寻味的一件事。鼓励开放思想并扩大视野，承认不同人心中不同真理的存在，听起来确实不错。但如果你要说一个部落、民族或一个人的观点为真理，又将他们提出的观点为真理视为凑巧的事情，那似乎就不太尊重他们了。

相对主义者会被人怀疑与敌视也是有原因的。假设我真诚且发自内心地提出了某个观点——无论是数学、伦理学方面的，还是美学方面的，"那只是你的观点"这种回答不仅离题，简直就是不把人当人看。当有人说了这句话的时候，代表着我的话不值得别人认真对待，只会被当作病症，就像疾病的征兆一样。认真对待我的话，就意味着你要把我的话吸收到你自己的决策过程当中，要么是发现它们对你有所帮助，要么是认为需要驳斥——但无论如何，我的话都会对你产生一定的影响，都会成为左右你对于死刑是否应当合法化进行判断的因素。但如果你只将我看作松散的肤浅自由派，或是严厉的保守复仇派，那么你就是在对我的观点避重就轻。这其实就是不尊重。

20 世纪末，在信仰坚定的科学家与号称破除迷信、打着"后现代主义"旗号的科学历史学家以及社会学家之间，爆发了几场恶毒的"科学战争"。举例来说，科学家说，月球距离地球大约 25 万英里（约 40.23 万千米）。这话传到科学历史学家和社会学家耳朵里，就变成了另一个版本：这句话代表着从某种社会学或历史学因素中演变成的意识形态或观点，它能够支持商人阶级、促进殖民主义，会压制女性权利，或者产生其他作用。对于科学家来说，这更像是一种侮辱，因为对他而言，这句话所谈论的问题只是月球到地球的距离而已。也只有在这个问题上，他才会对"如何说服人们相信这一观点"这个历史问题感兴趣。而这件事会被大家相信，源于它本身的真实性：人们之所以相信月球到地球的距离是 25 万英里，是因为这就是月球到地球的距离，而有些天赋异禀的人能够找出特定的方法来测量这段距离。

假设我要解释为什么有人相信冰箱里有奶酪，或许我会提出两种完全不同的解释。对于那些认为"有且仅当冰箱里有奶酪或有看起来像奶酪的东西时，才会相信冰箱里有奶酪"的人来说，有一种无聊的解释，也就是：眼见为实。另一种截然不同的解释是，当冰箱里没有奶酪，也没有任何看起来像奶酪的东西时，有的人却相信冰箱里有奶酪。我们对这种解释有多担心，实际上取决于这种错误有多容易解释：冰箱里光线太差；冰箱里有的东西长得有点像奶酪，或者完全是看错了。但是如果科研人员不管冰箱里究竟有什么，只顾解释为什么我相信那儿有奶酪，那他就只是因为我这么说了，就把我当成病人，或者随时可能发病的疯子。这也是他们不够人道的原因。

我前面已经提过，保守主义者与其敌对阵营的相对主义者都有一种共同的幻觉。这又意味着什么呢？这可能会让"真理"这个概念看起来十分廉价，因为这样一来，通货紧缩主义的观点就能让我们有机会随意谈论真理，无论是伦理学的真理还是美学的真理，抑或是科学、数学的真理。不过，尽管真理的概念看起来十分廉价，许多事情的真相却并非如此简单。有许多学科，如数学，内部很容易达成共识。而在社会学、历史学这些解释学科中，或者是攸关价值的讨论中，大家有多种不同的观点似乎比达成共识更为常见，比如在古典时期就同时产生了悲观主义与怀疑主义。

科学之所以能达成共识，是因为它所研究的都是原子、蛋白质之类的我们更容易了解的东西，而不是像人类一样极其复杂的生物。杰出的科学家为其凝聚的共识感到无比自豪，他们可能会因此瞧不起经济学、社会科学、人文科学与艺术领域中的嘈杂喧闹，甚至要我们别再揪着历史、政治理论、伦理不放。这可不是什么高深的科学见解，而更像是糟糕不堪的建议。科学——比如说，核物理学、宇宙学或分子生物学——可没法告诉人们死刑到底该不该存在。

因此，我们还是得背负起所谓"判断的负担"。正如当时费尽千辛万苦来判定电子的电荷值一样，我们应该以同样的努力来对待是否应该执行死刑这一问题，以及如何解释历史文献或宪法等问题。我相信这对于理解我们的发展进程将会有很大的帮助。在科学战争方兴未艾之际，任何试图援引社会学、历史学来考量科学的尝试——无论是认为科学是西方的产物，还是认为社会经济结构扶持了科学活动——都会遭到指责，并被扣上相对主义的帽子。不过既然如今指责已消失不见，我们就该明白，这种解释并非怀疑论，也不是要打破假象，更不是对科学上的伟大成就的大不敬。关于这一问题的探讨，就用以下两个观点来结束吧。

（1）无论在伦敦、巴黎、德里还是北京，电子都有着相同的电荷。

（2）政治、社会、经济与文化力量的结合实属不易，也正是因为这样，我们才得以发掘知识的存在。

这两句话在选择上其实是完全一致的，也都有各自的重要性。第二句话提醒我们，知识实际上脆弱不堪，因为只有汇集政治、社会、经济、文化的力量，才能让下一代理解前人的成就。因此，我们要时刻谨记，学术界所承担的重任不仅是要进一步实现更多科学成就，更要善于保护前人留给我们的知识遗产。

时间会流逝吗？

在哲学中开始探讨时间的一大标准"起式"就是引用奥古斯丁（Aurelius Augustinus）[①]著名的谜题："时间究竟是什么？没有人问我的时候，我倒清楚；有人问我的时候，我想说明，却茫然不解了。"

我们是时间的产物，在时间中度过一生，但若想知道时间是什么，我们似乎又无能为力。

时间湍流

我们或许会将时间想象成像水一样流逝的模样；我们会说到时

---

① 奥古斯丁（Aurelius Augustinus，354—430），古罗马基督教思想家，教父哲学的主要代表。重要的作品有《上帝之城》和《忏悔录》。

间之流，说到过去的岁月，以及未来的时光。而在我们眼前的，就是流动的现在。我写下这句话的这一时刻，就是今年时光中的某一时刻。但它转瞬即逝，注定会成为过去的一部分，最终被人所遗忘。其他的时刻也在摩拳擦掌，等着登场，这其中也包括你，亲爱的读者，在漫长岁月中读到这一句话的那一时刻。"现在"，这个无比特殊的时刻，也是义无反顾地在向前奔跑着。

不过，如果时间是流动的，那它的流速是多少？时间似乎只能像现在这样一秒又一秒、一小时又一小时、一天又一天地流逝，除此之外，似乎别无选择。但实际上，这并不是速率。就像以尺寸为单位计算成长的速率，或者以盎司为单位来衡量增重的速率一样。若想得出变化速率，我们需要考量随时间的变化改变了多少的量。以测量速度为例，我们需要知道定点间的距离是多少；要得出体重的变化，就要每周测量体重。速率本身也是随着量的变化的快慢而变化，但时间的流速却无法变化。

时间流动的速度并非唯一的问题，另一个问题是，它朝哪个方向流动呢？我们或许可以想象一下，现在这个时刻正在悄无声息地向未来涌动。又或者时间并非向前流逝，而是向后流动？或许前进的并非"现在"，而是时间之河将未来和现在的事件推到了过去？又或许，"现在"原地不动，在未来事件的不断冲击下才变成了过去？这些答案似乎都能自圆其说，但也说明我们仍处于推理想象的阶段，还无法得出真正的结论。

我们认为，现在这个时刻独一无二，与其他时刻完全不同。我们甚至认为唯一真实存在的就是"现在"。过去已经过去，未来还尚未到来，我们所拥有的只有现在。我们也许认为现在就像一束火炬，能够瞬间点亮某些事物，但这些事物又瞬间退回到黑暗之中。在未来与过去的黑暗之中，或许真的什么都没有。如此看来，"现在"这束光无论照向哪里都不会落空，实在是难能可贵，而我们却始终将它视为稀松平常之事。

> 过去已经过去，未来还尚未到来，我们所拥有的只有现在。

　　许多哲学家，或者说，许多仍在努力理解时间的哲学家，由于以上谈及的问题，现在都避免使用"时间之流"的说法，也对"现在"这一时刻的特殊性避而不谈。他们认为在所谓的"块状宇宙"（block universe）中，并不存在特殊的"现在"，也不存在时间之流。这种看法将时间看成了拍摄电影所用的赛璐珞胶片，如果我们将胶片铺开，就会看到许多按照顺序排列的二维影像。按照同样的思路，这些哲学家将四维胶片替换为三维动态影像，每个时刻对应着赛璐珞带上的一帧图像。过去、现在和将来的所有事件，只是彼此的距离或近或远而已，都像是被密封在琥珀中的苍蝇一样。

　　持这种理论的学者认为，"现在"的特殊性只是我们观点的产物而已，就像"这里"的特殊性一样。所有的位置在形而上学中都是平等的，"这里"除了指的是我现在所在的地方，并没有什么特殊之处。同样地，他们认为，"现在"除了指的是我目前在时间维度上的位置，没有什么特别的地方。作为生活在时间里的人，我们让"现在"填满了一切，就像站在"这里"所见到的一切，占据了我们所有的目光一样。如果我们退一步，便可以从不同的视角欣赏不同景色，那么在这个视角中，"现在"只是众多三维立方体中的一块而已，与其他立方体一同组成了时间中的世界。

除此之外，我们还可以从另一个较现有观点而言更为客观的角度来看待世界。人们常说，科学采取的是比日常观察与思考更加客观的角度，也就是不选用任何视角、不受人为因素的影响。科学可以区分开我们所看到的客观自然与通过特殊感官知觉而获知的主观自然。那么，举例来说，虽然科学能够解读光的波长与能阶，但我们能透过这些光看到什么样的颜色是由我们自己决定的，这是一种表象，而非现实。同样地，提出"块状宇宙"的科学家也呼吁要采取休·普赖斯（Huw Price）的观点——所有的过去、现在和未来都分布在同一维度上的非时间视角。变化与适应不过是生命在时间世界中的表象而已。这是一种从抽象世界中演变出来的抽象观点。

丢弃时间的想象

除了这些哲学论证，许多哲学家与物理学家都认为狭义相对论也对客观存在提出了疑问。爱因斯坦告诉我们，两个在空间上分离的事件可以被看作同时发生或相继发生，这完全取决于观察者相对于两个事件的移动方式，也就意味着"现在"这个时刻并不是一个固定、客观的东西。一件事发生在现在，那另一件是否发生在过去呢？这似乎并没有确切的答案，完全取决于观察者的相对速度。当然，我们在日常生活中很少会注意这些，因为我们所熟悉的一切距离和速度，相较于光速而言都太过渺小了。不过如果我们移动得足够快，这些效果就会变得很明显。

块状宇宙看起来十分不可思议，难道这不是用一个静止的、没有时间、没有变化的宇宙来代替我们所熟知的动态宇宙吗？这个问题的标准答案是，这种反驳其实也基于错误的想象。如果将块状宇宙想象成静态的世界，我们就会不自觉地将其拿来与我们经验中一成不变的事物进行比较，就像教堂边的花岗岩墓室。这些墓室能始终保持不变，但是块状宇宙却不会，它不会从某个时刻持续到另一时刻，因为时间只是其内部种种事件间的关系。它包含时间上所有事件的总和，但它本身的存在并非某个时间中的事件，也没有任何单位能用来测量它。

我们可能会换一种方式来反驳：对于生活在这一空间中的我们而言，时间的流逝难道不是世界强加给我们，而我们又无法拒绝的事吗？事实上，我们似乎真的无法对它说"不"，因为虽然我们可以想象周遭世界实际上只是幻觉，只是邪恶的魔鬼或者疯狂的科学家故意传递到我们脑中的谎言，但是我们很难想象，如果没有时间，世界会变成什么样子。有意识的地方就一定有时间流逝的概念。康德说过，时间是"内在感觉"的形式，而空间是"外在感觉"的形式，时间不仅控制了外在的事件，更控制了我们头脑中的事件。

如果采取"中间观点"来解释这一问题却遭遇了失败，那就能说时间的流逝只是世界强加于我们的了吗？时间似乎是在流逝的，但如果我们生活在块状宇宙之中，那么事物又会是什么样的呢？休维·普莱斯对此做出了清晰的解答：

毕竟，当时间不再流动，世界会变成什么样？如果我们暂时假设有个客观的时间之流，我们也许就能想象一个像我们现在这个世界一样的世界，唯一的差别就只是那个世界是一个四次元的块状宇宙，而非三次元的动态宇宙。我们很容易就能看出怎么将动态宇宙中的时间事件映射成为动态宇宙中的空间事件。别的不提，我们个别的心灵状态就时时刻刻都在进行这种映射。不过，我们在块状宇宙中的分身当然也会与我们自己有相同的经验——只是这些经验在动态宇宙中并非个个分明罢了。如果我们确实是块状宇宙中的成员，那么情况大约就是如此。

　　因此我们需要扪心自问：世界真的在我们的时间意识中加入了什么吗？其中之一便是我们可以影响未来，但却不能改变过去。所以，这个系统中存在某种非对称性，问题在于怎样弄清楚究竟是哪种非对称性。我们会想要保留这种不对称，因为如果不这样，块状宇宙的形象可能会使我们所有的行动与对未来的关切变得徒劳、毫无意义。我们会得出宿命论的结论：未来是早就被安排好的，该发生的便会发生，即便是竭尽所能地想要避免，也徒劳无用。我们可能觉得，上帝若看见我们为了改变命运而奔波劳碌，必定会轻蔑地嘲笑我们。在许多神话故事中，神明都预测出了某个结局，可怜的英雄知晓后力挽狂澜，希望能扭转乾坤，尽一切努力改变预言。但是无论如何，该发生的还是会发生，甚至有时正是因为他所做的一切，才促成了那般结局。所以世界果真如此吗？

不可改变的命运

不，世界并非如此。宿命论不该是我们采取"中间观点"所得出的结论。我们首先要考虑一下世界上一般的因果现象：这些现象总是从过去到未来。如果一块砖头掉到池塘里，它激起的阵阵涟漪会慢慢扩散至岸边。"中间观点"能够看到这两个事件与它们之间的时间距离，不会只看到涟漪扩散到了岸边，而忽视先前砖头扔进了池塘中这一事件。这并不是说这两个事件"就这么发生"了，也不是说在任何情况下都会发生。事实上，以"中间观点"来看的话，可能看不到涟漪的发生，也看不到此前扔砖头的动作。没有任何证据可以证明无论扔砖头与否，涟漪都会发生。同样地，也没有任何观点能证明人类的行为不会造成任何结果。如果我把砖头扔进池塘里逗孩子开心，他们不能说因为终归会有涟漪，所以我这一举动白做了。要做煎蛋的话，我们就要敲开鸡蛋壳，即便是好捉弄人的上帝也不能跳过敲开鸡蛋壳的步骤，就让煎蛋凭空出现。

倒果为因？

如果时间之流是假的，那么我们为什么不会认为现在的事件会导致先前事件的发生呢？为什么不是烹熟的煎蛋让鸡蛋壳被敲开了呢？有人认为，块状宇宙观或多或少能让我们放松一下，认为真的有可能出现这种情况，尽管这种情况让人有些不安。块状宇宙观可能有助于我们接受一些量子力学中稀奇古怪的发现。在量子世界中，光子这种粒子的状态似乎不仅取决于其发射前的事件，也取决于它后续经历的过程。或者说，它的状态似乎取决于不同粒子间的影响。

> 如果时间之流是假的，那么我们为什么不会认为现在的事件会导致先前事件的发生呢？

如果粒子间距离过大，光速发出的信号就无法影响彼此。对于这种现象，我们会感到无比震惊，但不管时间向前发展这一想法在我们的世界当中有多么坚定，只要稍微放松一下紧绷的神经，我们内心的讶异可能就会平复一些。我们会发现，我们之所以将时间按照因果关系的发展来排序，只是图个方便，或者只是遵循传统，所以才会坚信前面的事件导致了后续事件这一"真理"，而非倒过来。

或许我们可以从哲学家所谓的反事实假设来思考因果关系。比如，在"如果他没敲开鸡蛋壳，就不会烹出煎蛋"的说法中，敲开鸡蛋壳便是做煎蛋的必要条件。但是，从块状宇宙的立场来看，似乎也不能轻易断言，如果他没有煎蛋，也就不会敲开鸡蛋壳了。因果关系本身是我们身处时间之中才有的视角之一，如果我们能像块状宇宙论者那样从时间本身之中抽离出来，我们就看不出为什么非得是因果关系不可了，真正存在的就只是模式而已。有些后续事件足以引发先前事件，就像我们认为先前事件会引发后续事件一样。我们被禁锢在时间之中，便很难理解时间逆流这种反事实假设。我们可以使用该假设，但需要特殊标记。比如我们会说，"如果池塘中没有涟漪，那一定是因为之前什么都没掉进池塘里"，而不是"如果池塘里没有涟漪，那么什么都没掉进池塘"。不过，如果有人使用

"中间观点"来看时间胶卷，那么他便可以运用其对模式的知识来进行推断。当我们将电影胶卷平铺开来看时，便可以向前和向后进行推断。如果我们看到中间的几帧，可以预测后面或许会出现麻烦；如果我们看最后一帧，发现男女主角在一起了，那就可以推断，在前面的剧情中，他们二人中的任何一个都没被反派杀害。由此可见，我们不仅可以向前预测，还能向后追溯。

这就又把我们拉回到描述过去和未来之间的不对称性，也可以说是时间之箭的方向性的问题上了。其实这在科学上是一个真实存在的问题，因为许多物理定律都是可以逆向回溯的。在基本层面上，如果某个过程在物理上可能发生，那它也可能逆向发生。不过，这并不是我们生活中所常见的样子。在我们的世界当中，若是挤出来牙膏，牙膏就再也回不去了；我们能够看见烟雾消散开，却不曾见过空气凝聚成雾；涟漪并不会从岸边向中央聚集，也不会把砖头从水中抛出去；我们能记住过去发生的事，这能够影响我们对未来的决策，却无法反其道而行。那么，究竟该怎么解释时间之箭的方向性呢？标准答案是整体的熵与无序的程度总是不断增加（热力学第二定律）。但是，"从过去到未来，熵也会不断增加"，这到底是逻辑上必要的真理，还是只是偶然事件而已呢？当然了，我们也可以想象完全相反的情况：有人曾推测过，如果宇宙像悠悠球一样，终有一天会停止扩张并开始紧缩，那么到时候就会出现某种系统化的运动，朝向宇宙大爆炸时期必定出现的高度有序（因此可能性并不大）的状态前进。在宇宙的收缩过程中，涟漪会从池塘边向中央聚拢，抵达中心时，会从池底抛出一块砖头；牙膏会奇迹般地回到牙膏管中；生命也会回到过去。我们会像《爱丽丝镜中奇遇记》(*Through the Looking-Glass and What Alice Found There*) 中的白皇后一样，在扎到手指前就痛得大叫。

不过，果真会如此吗？如果收缩期与扩张期完全对称，那对我来说，生活在收缩期中，不就和活在一个越来越无序的世界一样吗？如果我们把休维·普莱斯的思想实验继续下去，将这个阶段的个人经验映射在四维方块上，那两个阶段的内容就会毫无二致。如果我们将这一阶段的时间称为"*t* b"，那么 2009b 的记忆将是 2008b 的事件，而我的计划却集中在 2010b！这看起来似乎和现在一样，毕竟在"中间观点"看来，在剪辑室中的影片从哪边开始播放并没有什么不同。如此一来，探究我们究竟是朝着哪个时间方向前进这一难题，或许只有接受根本不存在客观运动的块状宇宙观才行了。

回到未来

"中间观点"或许还可以启发我们的最后一个有趣的问题是，时间旅行是否能够实现？无数科幻故事都绘声绘色地描绘了时间旅行的故事，但却没有哪个故事能真正让我们相信时间旅行确实可能发生。时间旅行这一构想的最主要的问题在于我们所谓的"事件因果性"。假设存在这样一个人，姑且称他是英雄吧，他走进时间机器，发现自己回到了 5 个世纪之前。我们现在知道，即使是再微小的事件也可能产生深远的影响：马蹄上的一枚小小的钉子丢了后可能导致失去马匹、失去骑手，甚至可能导致输掉战争、丢失整个王国，进而改变整个世界的进程；或者蝴蝶只是轻轻扇动一下翅膀就能引发飓风。如此看来，我们这位英雄最好小心行事。比如，他最好不要在某些时间、地点抹去可能致使他出生的事件。事实上，他最好什么信息都不要抹掉。在"中间观点"看来，时间线只有一条，每件事都会在固定的位置出现。或许从这种视角来看，我们这位英雄是在时间 t 出生，又或许上帝看到的时间是 $t-500$（t 之前 500 年）。不管是哪一种情形，世界还是同一个世界，我们的英雄也绝不会回到过去。

当然，从这位英雄的角度来看，他当然可能置身于文艺复兴时期的意大利或其他什么时期的一个地方，这就是电影制作人和科幻小说作家能够随意创作任何情景的原因。但从"中间观点"来看，什么都不会发生。英雄如果发现自己置身于文艺复兴时期的意大利，那不会是过去历史中的文艺复兴时期，充其量是另一个可能世界中复制的文艺复兴时期，他能在那儿随意施展自己的力量，改变本可能会发生的事情——但这仍旧不是时间旅行。

我并不奢望本章节的内容能够说服不熟悉此领域的读者，但希望我们在本章中讨论过的议题能让我们以一种新的眼光来看待奥古斯丁的名言："时间究竟是什么？没有人问我的时候，我倒清楚；有人问我的时候，我想说明，却茫然不解了。"

为什么事物会一直存在？

恒久与混乱的问题

时间在变，与此同时，身处其中的我们也在不断改变。世界不停地转，沧海变桑田。虽说万物皆在变化，但也不会变化太多。变化终归有一个上限，也好在的确有这样的上限，我家的猫才不会突然开口讲话。

猫也不会一夜之间变成狗；我不会突然有了穿墙术，或者突然又长出一双手臂。事实上，我们认为所有的变化都只会发生在不变事物的安稳保护之下：自然法则决定了事物的持续模式。

宏大的期望

任何讲理的人都会希望事物能以相似的方式继续存在，那么，自然界中的一致性又要如何解释呢？这里我们便遇到了僵局。从表面来看，我们似乎需要给我们所发现的恒常性一个理由，要么依据经验证据来说明，要么靠数学逻辑之类的事物来解释；简单来说，要么是经验之后的"后验"，要么是经验之前的"先验"。然而，我们所拥有的后验知识所能告诉我们的是，如果某些事物（以地心引力、原子核内的强弱力或某些精确至极的自然规律为例）会以其原本的模式继续存在，那么依赖于这些事物的其他事物也会持续存在。如果地心引力以我们所知的方式持续存在，那么太阳系也将持续运转；如果原子核内的强弱力始终发挥一样的作用，那么物质便不会飞散，也不会内爆。不过，我们只能依靠一种事物的一致性来论证另一种事物的一致性，直到我们能简化到通过电子的电荷值、光速、电磁力强度等基本单位来进行论证为止。但是为什么这些基本单位就不会改变呢？任何后验原因都只是将问题推回到我们抓住不放的另一层——恒常性上而已。如果反过来问，为什么存在的事物会一直存在呢？那么我们最终会被逼问到无解的地步，因为一直存在的事物就是会存在。我们之所以会这样推断，是因为无论何时何地来验证，它都是如此。因此我们坚信如此的恒常性是可靠的，而且未来也会一直如此。不过，这难道只是一种信仰，只是让我们能将所有的科学建设都基于此的教条吗？

其实，我们不该过分担忧，对未来过分紧张并非什么值得鼓励的事情。我们的生活实际上建立在未来与过去大体相似这样一个假设的基础之上。我们对该吃什么的最好的解答，就是过去吃了什么；明早一觉醒来我们还有几只胳膊几条腿、该说什么语言、会处在什么地方的最佳答案，来自我们今晚睡前的状态。我们用钢而非铁来做建筑架构，是因为一直以来钢的承重力都比铁的更强；在不远的未来，就

> 自然界会使我们依照现在的方式去期许未来。我不可能在自己跳下悬崖时，不去预期自己会向下坠落。

像一直以来的那样，我们还会依赖水和氧气来维持生命。谁要是认为这些规律应该为他的利益（更大程度上对他有害）而改变，那显然是自欺欺人。卡尔·波普尔因断言科学给我们的只是对可能发生事件的"大胆猜想"而闻名于世（请参阅"我们知道什么？"），但如果对于某个大胆猜想的正确态度不是相信这一假设，那这种说法便是错的了。我们的经验科学以及我们对世界运行方式的发现所带给我们的不仅仅是假设或猜想。这些科学发现给我们带来了确定性，让我们能凭借预设这些信念活下去。事实上，让我们不要相信任何持续性的怀疑论者，只不过是浪费口舌。自然界会使我们依照现在的方式去期许未来。我不可能在自己跳下悬崖时，不去预期自己会向下坠落。我也不可能认为自己能不受阻拦地穿过一堵墙。小狗、小猫也有一样的本能。我们的动物天性会告诉我们如何认识世界，这种天性会让我们相信这些事，任何推理都无法推翻这份信仰。如果某位科学家发觉将有灾难发生，它会摧毁自然万物所仰赖的齐一性，如地心引力、聚合力，以及其他维持生活运转的力量等。若是真的发生这种事，我们大概就不知道该如何是好了。

束手无措

面对这个问题时，我们会发现实在没什么先验原因能说明为什么这种极端混乱的改变不会发生。我们真正想要的，实际上是一种必然性，它能够成为（逻辑上）无法改变的事件的束缚。我们需要的是经得起时间的考验，能够自我维持的法则。这条法则一旦确立，便不能再推翻。阿特拉斯承担着全球远古形象的重任，或许我们可以从神话中发现我们苦苦寻找的东西。当然，人类的身体无法不受时间影响而保持原样。据我们所知，阿特拉斯应该也会感到无聊、疲倦或心烦意乱，他或许会耸耸肩，然后将一切都置之度外。因此，为了得到我们想要的必然性，我们需要另一种完全不同的事实。但我们又会感到恐惧，因为我们不知道究竟需要什么样的事实：以我们的认知，根本无法理解那样的东西。

如果我们能设想有一种无法改变的约束存在，能够约束自然，让其依照过去的方式运作，那我们便会安心许多。换言之，我们希望物理学、化学和生物学的定律能像数学定理一样确定。正如"每对相邻偶数之间都有一个奇数"这个定理就是不变的，它不会受时间的影响而发生改变，而且不仅仅在我们所生活的世界上，在任何我们所能想象的地方皆是如此。所以我们希望能找到一个具有约束力的事实，从物理上或形而上学概念上就能确保自然秩序持续良好运转（至少是从我们的角度来看）。

不幸的是，物理学上所能找到的能做出类似的保证的，只有一直持续存在的事物，其中就包括自然中的基本作用力与量级。宇宙学家马丁·里斯（Martin Rees）在其著作《六个数》（*Just Six Numbers*）中曾表示，我们所知晓的自然依赖于宇宙的六个数字。其中包括将原子结合在一起的电力强度与重力的比率（约 10^{36} 比 1）、氢要产生氦时所需的能量单位数（每个氦需要其质量的约 0.7% 的氦），以及其他量级。这六个量级都必须维持其现有模样，并且只允许微小误差，我们这样有序的宇宙才会出现。但是，据我们所知，这些常数在原则上确实可能与现在不同，而且原则上也可能会发生改变。事实上，为了看看它们是否发生了改变，我们确实已经做过许多测试与测量。例如，许多物理学家就曾推测，所谓的"精细结构常数"，也就是决定带电粒子与电磁场之间的相互作用强度的常数，事实上早已随着时间的推移而发生了改变（目前为 1/137.03599958）。幸运的是，在 2004 年时，天文物理学家表示，至少在他们所能察觉的情景中，该常数到目前为止都没有改变。但从来也没有任何证据能说明就永远不会有改变，就像数字的结构一样。毕竟再多复杂的天体观测也无法让我们判断出"任何两个相邻偶数之间会有一个奇数"。

值得注意的是，如果某个测量结果证明这类常数已经发生了改变，那么我们将继续寻找能够解释这种变化的原因。这种变化是如何发生的呢？我们需要找出其他不变的恒常性来进行解释。所谓的"解释"就是这么回事。因此，如果有一个"精细结构常数"值，这个值是由其他事物，比如宇宙中的总能量，以某种类似于定律的方式决定的；这个用来解释的事物又会成为新的定点数，新的不变定律，但是老问题又来了：究竟什么东西能确保它不会改变？面对这种问题一再出现的情况，大卫·休谟就曾说过，自然科学所能做的就是"稍微推迟我们的无知"而已。

阿特拉斯（1645—1646）
圭尔奇诺（Guercino, 1591—1666）

超自然微调

有些杰出科学家认为，要对基本常数进行微调几乎是不可能办到的，所以这些让我们这个世界良好运转（至少是到目前为止）的非同寻常的巧合，唯有上帝之说才能解释，不然为什么会有这么多的巧合，而且还能如此稳定地运转？如果我们无法在自然界中找到不受时间影响的约束，那么就该将视线投到自然之外了。以下是古老论点的翻新版本：世界上存在一位仁慈的神，能够引导和维持自然界的良好运作。他实际上就是新版的阿特拉斯（Atlas）[①]：他不仅是世界上第一个创造因果的神，更是世界能持续的原因与基础。若是没了他的把控，整个宇宙都会陷入永恒的混乱与空虚之中。

但问题在于，我们并不会因为有人告诉我们要去自然之外寻找约束，就对这个原因多出几分理解。依据人类智慧与意图所创造出的神明也同样可能改变，就像我们自己会改变，阿特拉斯也会改变一样。我们要假设神学家拒绝了与世俗形象的类比，因为传统上，上帝是无所不能的、始终如一的、超越时间与空间的必然存在，他不可能不存在，更何况他的存在无需依赖自身之外的事物。总而言之，他（抑或是她、它、他们）是（都是）"超验"的。问题在于，这些形容词听起来的确很了不起，但人们却无法理解他是如何与物质宇宙互动的。他如何让物质宇宙出现，又要如何让它有序运

---

① 阿特拉斯（Atlas），希腊神话中提坦神之一。因反抗主神宙斯失败，受到惩罚，在世界极西处用头和手顶住天。

转呢？这似乎完全超出了我们的认知范围。哪怕我们知道，这种有一个存在于时空之外，能够保证自然的秩序，并且超出我们的认知的神明存在的说法听起来很不错，但问题是，如果我们无法了解他，也就无法通过他来增进我们对自然之外约束的理解了。

如此一来，关于"究竟是否有神明存在"这个老生常谈的话题又有了新的转机。反对者认为"我们不能理解，也不能认识任何解释自然秩序的超验实在"，而支持者则认为"我们所无法理解、无法认识的解释自然秩序的超验实在就是上帝"。不过，加上这句"就是上帝"并没有给我们进一步的解释，双方意见的差异也顶多就是口舌之争罢了。正如维特根斯坦所说："对于无法言说之事夸夸其谈，与闭口不谈的结果是一样的。"任何能够维持整个宇宙运转的事物都会超出我们的认知范围，在这种情况下，我们便没什么必要去探讨其存在与否了。

人类当然无法忍受这种空白，早晚会在空白画卷上画上自己脑补的细节。也就是说，人类很快就又会开始描绘上帝的形象：他位于苍穹之上，跟我们长得差不多，也有一双眼睛和两只耳朵，也会被七情六欲左右；他会嫉妒、会爱、会生气，也会热爱自己的族群而与其他族群对抗。但这些臆想并不能帮我们解决宇宙学的问题。上帝越像我们，就越有可能感到无聊、疲倦，甚至可能什么都不管了。

理性与信仰

回到事物会一直存在的问题上来，如果按照我们的信仰也会出错的思路发展，我们至少能得出一个结论：我们对于答案一无所知。我们的存在完全依赖于持续不断发生的精密调整，若是调整没有成功，那么转眼间一切便将灰飞烟灭。我们或许可以接受时间本身就要依照宇宙秩序运转这件事，而一旦这个秩序出现错误，时间也就走到了尽头。在这种情况下，我们大概可以这样安慰自己：自然规律将永存，也就是说，自然不会有任何时候不具规律性。但这也不是什么实质性的安慰。我们希望如果事物的恒常性能永恒存在，那么至少能持续到某个时间，比如下周三。要是有人说恒常性会永远存在，直到沧海桑田，但不幸的是下周三永远无法到来，因为下周二就是时间的尽头，那这未免有些扫兴。

我们现在所探讨的问题，是哲学家才会研究的问题，正如前面所说，它不会动摇我们的信仰（即日常生活中的一切都井然有序）。但当我们情绪激动时，原本对于规律性的信心多少会有些动摇，而这个时候，波普所提到的我们"只是在大胆猜想"才会真正中伤我们。仔细想想，宇宙论和地质学所依据的标准时间线、地球年龄、岩石形成、动物进化都基于规律性，这些规律性包括各种放射性衰变的速率、沉积速率、岩石陆地的形成速率，以及从其他科学分析所获的信息等。当这些信息经过校对，我们就可以根据它们断定地球的年龄大约是 40 亿年，并能推出地质记录中的事件顺序。不过，如果我们所说的这些均为假设，我们会让《圣经》基本教派和创造论者也来猜想，他们会说：地球其实只有 6000 年的历史，这丝毫不比科学假设差什么。因此，谨慎的科学哲学似乎给这些最不科学的观点打开了一扇门，又反过来剥夺了我们对抗这些观点的武器。

相反，我们要说的是，创造论者就像科学家一样，将其生命与活动建立在规律性的基础之上——只有这样，他才有"自由搭配"的权利，才能选择他要什么，不要什么。创造论者的立场其实并不比那些说地球5分钟前才出现的人的立场好到哪儿去，和那些说创造论者的《圣经》其实是飞碟上的外星人上个礼拜才写好的，或者相信自己只要挥挥手便能飞起来的人差不多。一旦理性被人埋没，谬论就会没完没了了。

　　这一点正好指出，我们满怀信心的期待只是基于信仰的这种说法是错误的。用大自然如今与过去的模样来预测其未来的样子，是唯一严谨的策略。这种做法能够将观点化为信仰，这种信仰会日复一日地支撑我们走下去。

为什么是有，而不是无？

"为什么是有，而不是无？"是形而上学的基本问题之一，也是通往宗教与神秘主义的主要途径。这个问题让人无从下手，但又无法对其视而不见。

戈特弗里德·威廉·莱布尼茨曾在其著作《关于自然与神恩的基于理性的原则》（*Principles of Nature and of Grace Founded on Reason*）中对该问题进行过简要探讨：

> 如果没有充分的理由，事物便不会存在，也就是说，除非足够有学识的人能够找到充分的理由来判断为何某事物是存在的而非不存在，否则没有任何事物会存在。既然这是已经确立的原则，那我们所能提出的第一个问题就是：为什么有事物存在，而非无？毕竟"无"比"有"简单、容易得多。再者，假设事物就是存在的，我们便可说明为何事物以这般形态存在，

而非其他模样。

不过，宇宙存在的充分理由不能从偶然事物序列中寻找，也就是说，不能从事物及其灵魂表象中找到宇宙存在的理由……因此，解释宇宙存在的充分理由必定只能在偶然事物之外才能找到，或者说，只可能存在于必然有序的事物之中，而该事物自身便是存在的原由。否则，我们便依旧无法找到宇宙存在的充分理由，也不能就此罢手。这个充分理由实际上就是上帝。

解释的动力

那么，根据莱布尼茨的说法，必定有一个理由可以解释"为什么有事物存在，而不是没有"，这个理由也一定与众不同，"不需其他理由"或者"自身即是其存在的原由"。莱布尼茨又回到了西方哲学一个古老的传统，因为自古以来，"为什么有事物存在"这个谜团就驱使着人类寻找处于世界之外又能创造世界的造物者。这个自身就包含了其存在的理由的造物者很快就有了名字，那就是：上帝。

亚瑟·叔本华（Arthur Schopenhauer）① 曾在其著作《作为意志和表象的世界》（ *Die Welt als Wille und Vorstellung* ）中深刻探讨了人类对于形而上学的这种需求：

---

① 亚瑟·叔本华（Arthur Schopenhauer，1788—1860），德国哲学家、唯意志论者。致力于柏拉图、康德哲学的研究，接受先验唯心主义的观点，反对黑格尔的绝对唯心主义。主要著作有《作为意志和表象的世界》等。

创造亚当（局部图）
米开朗琪罗・博纳罗蒂（Michelangelo Buonarroti, 1475—1564）

毫无疑问，关于死亡的知识，以及对于生命中苦难的思考，才推动了对于哲学反思与形而上学的解释。如果我们的生命没有尽头，没有痛苦，就不会有人开始好奇世界为什么会存在，又为什么会以这种形态存在，因为那个时候人人都会将世界当作理所当然的……在任何国家、时代，寺庙、教堂等都见证了人类对于形而上学的需求，见证了这份需求究竟有多么强烈、多么持久。

叔本华认为："始终维持形而上学运作的平衡轮从不曾停止转动，这便让我们清楚地知道世界存在与不存在都是有可能的。"他又说，智者会努力探求获得超越经验界限的知识，希望能够知道超越物质和经验范畴的无上秩序；而其他人则只要通过向宗教奉上"绵薄之力"，拥有宗教的"启示、典籍、奇迹、预言、庇护、至高尊严……更重要的是，能将宗教灌输于尚处于幼年时期孩童脑中的权力"就心满意足了。

虚无

值得注意的是，就理性而言，死后的生命与宗教的其他教义或想象并没有直接联系，"死后是否还有生命"这个问题或许是个形而上学的问题，我们的答案大概是否定的（请参阅"我是机器里的幽灵吗？"）。然而，即使我们认为死后还有生命，我们仍然没有特别的理由认为，这个答案能帮我们断定是否有支配这一切的神明存在。原则上，即便没有神明统治宇宙，灵魂仍然有可能是不朽的（也许是不可毁灭的），而且即使有统治宇宙的神明存在，他（抑或是她、它、他们）也可能早已写下了灵魂随肉身死亡而消亡的规则，可能是为了让自己所处的天堂不被打扰，毕竟那可是天堂啊，而这个词就意味着，不会有乱七八糟的人随意闯进来。

大卫·休谟直接指出了宗教所提供的答案会遇到的问题。我们的经验完全局限于受时间与空间制约的、会生会灭的、具有偶然性的事物。我们每个人，以及我们所熟知的一切，也都依循因果循环而有其生灭。莱布尼茨承认，我们所接触的事物都具有这种普遍的偶然性——这也正是他观点的出发点。但休谟又指出，正因偶然性的存在，我们才无法设想"自身即是其存在的原由"究竟是指什么。我们没有关于这个事物的经验，甚至连"自足"这种遥远又不可思议的性质是什么都想象不到。因此，当我们谈到这种"事物"时，就像是用小小的渔网在深不见底的大海中捕鱼一样。形而上学因此也只能在这堵白墙前止步了（关于人类要用这堵白墙做什么，请参阅"我们需要上帝吗？"）。

尽管如此，如果我们遵循莱布尼茨的推理，那么这种遥不可及的性质也可能是属于整个宇宙的一种性质，而超越宇宙的一切也是如此。也许宇宙正是因为"自足"这种不可思议的性质才得以存在的。这样一来，宇宙就不需要一个外在的创造者存在，它会如此存在，是因为它本身便是如此。换句话说，当莱布尼茨提出"宇宙为何会存在"这个疑问时，他将"无"设定为自然状态、默认状态，进而"有"的事物才需要解释。但我们为什么要接受这样的假设呢？

质朴与可能性

有的人可能会说，相较于存在，这种什么都不存在的状态更加自然、简单，也更有可能发生。这也就提出了另一假设：不自然、不简单、存在可能性小的事物需要解释，但"无"的状态却不需要。这种想法实在太可疑了。其存在以下几个问题。

第一个问题，简单性通常需要从混乱中剔除出来，如此一来，需要解释的反而是简单性本身。在我身处的房间中，不同气体分子的分布状态既独特又难以预测，如果哪个观察者想要对气体分布情况做出精准描述，那他可得做好进行长篇大论的准备了。如果所有的氧气都有规律地排列在一片区域，其他气体也有序地排在后面，那这一切就简单多了。不过就算这种状态比较容易描述，但是会出现这种状态，就一定需要一个解释。用物理学家的话来说，这是一种非自然的低熵状态，相对于气体分子通常会呈现高熵的随机分布状态来看，这简直是沙漠中出现绿洲一般的惊喜。

第二个问题是，简单性似乎是随着事物呈现的方式而改变的。"无"看起来是一个简单的命题，而且对我们所有人来说都是如此。但这句话也等同于指着所有我们可以命名的事物说，"这个不存在，这个也不存在，还有……"，然后再加上"……而且其他事物也不存在"。这看起来似乎是一个十分复杂的命题，可以说是对宇宙万物，以及所有曾经存在、现在又消失不见的事物——起名之后的总结。

那么不可能性呢？什么都不存在的情况会比有事物存在的情况更可能发生吗？从科学角度来讲，概率是由事件发生的频率决定的。

连续多次抛硬币时，当正面出现的概率为硬币投掷次数的 1/2 时，我们便认为正面出现的概率为 0.5，也就是说，抛硬币是公平的。概率取决于经验中可重复事件发生的次数。当我们发现某个事件发生的频次很低，只有寥寥数次，我们就可以说这是不太可能发生的事件。6 月份的英国是不太可能下雪的，因为统计数据表明，下雪的情况很少。不过，统计数据却无法告诉我们，这世界到底是先有"无"，还是先有"有"。

我们可以试着想象一下"无"的真实状态（这跟想象真空状态不一样，因为在物理真空中还充斥着各种力和场）。但是没有统计数据能够证明"无"之后是由"有"所接替的。这种情况跟我们

> 那么不可能性呢？什么都不存在的情况会比有事物存在的情况更可能发生吗？

在一万亿"无"的案例中看到一两个"有"的案例可不一样。我们压根儿就没有这样的案例可以观察。如果我们真的相信宇宙是从无到有的，那么这显然会是一个唯一事件，而且说起来这件事发生的概率应当是非常高的——毕竟它确实是发生了。

之前呢？

现如今，科学家认为物理宇宙出现并开始运转是源自大约 14 亿年前的"大爆炸"，如果我们要追问，在"大爆炸"之前有什么？答案会是：根本没有那个"之前"。时间（或"时空"）本身就需要自然事件彼此更迭，需要宇宙时钟的存在，但是在"大爆

炸"发生之前根本没有宇宙时钟。该论点意在表明，"大爆炸"发生之前没有时间刻度，没有年份、小时、分钟、毫秒，所以我们根本没办法解释什么是时间的流逝。在不知道某一存在的事物是如何运作的之前，我们也无法提出虚无中"已经"有什么的问题，而对于究竟是什么"导致"了"大爆炸"的猜测也是毫无意义的。因果关系是在时间之中将事件联系起来。我们会认为，原因先于结果出现，并且使结果发生。无论对于精神事件还是物理因果来说，都是如此。正如一个滚动的台球会导致它撞到的另一个球也开始滚动一样，一位好将军的作战计划也可能带来随后的胜利。但在这个例子中，作战计划也必须在胜利到来之前就已拟定好。因此，并不存在什么精神或物理事件，也不存在我们所能联想的任何可以"导致"世界存在的事物，因为时间和空间是与世界一同出现的事物。

奥古斯丁早就已经提出纷繁复杂的时间观：

> 所以可以确定的是，这个世界并非在某个时间出现，而是与时间同时造就。因为如果世界是在某个时间出现的，那就会是在某一个时间之前，而在另一个时间之后——在那之前的称为过去，在那之后的称作未来。但如此一来，就没有过去可言了，因为彼时还没有任何被造出来的东西，无法以其活动衡量时间。因此，时间与世界是同时被造就的。

有趣的是，奥古斯丁一直津津乐道的是世界与时间是如何被创造的，这听起来似乎有些宗教的味道，其实他是在用哲学的方式小心探讨这一命题。因为创造必定发生在某一个时间点上，而且需要预设在这之前就有一个创造者存在，这个创造者还要有创造世界的意图并且付诸行动才行。平心而论，奥古斯丁也注意到了这个问题。所以他说，如果我们问上帝他在创造宇宙前做了什么，最佳答案或许正是最荒唐的那个："忙着给那些只会打破砂锅问到底的人创造地狱。"

猛烈撞击

如果我们不能用科学概率来说明"为什么是有，而非无"，那么对于事物在世界上出现的概率如此之低，我们恐怕更要瞠目结舌了。这里的问题在于某些基本物理常数可能会"微调"（请参阅"为什么事物会一直存在？"）。没有任何理论能解释为什么这些常数就该是这个数值，但能确定的是，如果数值有了变化，即便是再微小的变化，世界也会变得完全不同。物质不会像现在这样存在，复杂些的化学不会存在，行星围绕太阳旋转的轨道也不会存在，更别提生命赖以生存的环境了。因此，就我们的科学理解而言，能够"微调"得如此精妙简直是一个奇迹——在极其微小的可能性中使如此多的物质如此完美地结合。不过我们必须再一次对概率问题保持警惕。同样地，我们也没有对照物和统计数据。我们对于这些数值的产生原由无从知晓，也同样找不到这些数值与现在不同的其他事件，我们只知道这些数值一直都是如此。我们只有这么一件事要研究，既然所有事件都如此巧合地发生了，那么就算我们永远搞不懂为什么，这件事终究还是有可能发生的。

科学的规律性无法指引我们了解"大爆炸"时究竟发生了什么，但是科学家认为，在"大爆炸"的一瞬间，许多基本印记便已经出现了，所以才出现了恒星、星系，以及生命赖以生存的元素。如果接下来，我们假设"大爆炸"发生的概率很低，我们可能会猜测，自然界中存在着许多不同的情况，可能有多个"大爆炸"所形成的"多重宇宙"，或者可能发生过多次"小爆炸"，却不曾产生任何影响。也许这些失败的"小爆炸"还在继续发生，但幸运的是，"小爆炸"未曾达到膨胀阶段，否则将有多到难以想象的能量与高温涌现出来，形成原始物质，构成完全不同的物理宇宙。

许多人认为，除了我们生活的宇宙，其实还有许多宇宙存在，不过这也只是猜测而已。这并非科学所能解答的问题，因为我们既无法进行观测，也无法进行验证。事实上，假设多重宇宙存在的唯一原因就是降低不可能发生奇迹的概率。多重宇宙的假设提供了所有可能结果的数量，这样一来，我们就可以不必再为自己生活在唯一的宇宙中而感到惊讶了。不过，我认为，既然"概率"这个概念必须套用在可重复事件序列上，那么不将概念应用于灰色领域中才是明智之举。这样一来，多重宇宙的概念也就可以下台了。

如果假设的物理常数并非现在的数值，我们就不会再猜测为什么它们会是这个值了，这会让我们感到欣慰吗？如果我们事先知道多重宇宙的存在，也就会知道，只有在有序的宇宙中，才可能有那些好奇自己来历的生命存在。据我们所知，宇宙只有在漫长的地质时期内保持稳定，才能有机会孕育出复杂的生命体，比如人类。这是否能解释为什么我们的宇宙是有序的呢？如果说能，那便是人类中心原则或人类中心理论。我认为这种说法并不具有说服性。这种说法的问题在于，在我们已知的世界上，有许多使人类得以生存下来的小概率事件，但这些事件很难通过人类中心论来理解。如果有个疯子非让我连续玩很多次俄罗斯轮盘，而我成功躲过了开枪打死自己的霉运，我会对此惊讶不已。可是如果我没能躲过那枚子弹，我现在也就不会在这儿问这个问题了，但这根本算不上什么回答。就算只能在我活下来的情况下才能问我究竟是怎么死里逃生的，那我的问题也应该得到一个认真的答案。

如果要为世界存在之谜找一个完美的答案，但我们却对找到答案的方式毫无头绪，那么也许叔本华是正确的，我们只有在面临死亡的恐惧时，才能不断自问。否则，一旦我们知道自己无法找到答案，我们可能就会满足于经验科学所告诉我们的一切，也就是知道宇宙如何运作就够了。如果我们能知道"为什么存在谜团？"这个问题不只是现在找不到答案，而且永远都不会有答案（因此，我们总是选择逃避问题，或是不断拖延下去），或许对我们也会有一些帮助。

让我们暂时忘掉时空与宇宙共存的观念。假设世界上什么都没有：没有造物主、没有法律、没有结构、没有事实，有且仅有的就是虚无。我们随后再想象，某个事物开始出现：比如说大爆炸，或者说能量、等离子体和物质世界成分的大爆炸，以及各种力量结构的爆炸。我们身处这个物理宇宙之中，不禁会问，这一切为什么会存在，随后进入常规性的解释过程。我们会仔细寻找使宇宙存在的蛛丝马迹，但"大爆炸"之前的状态却只有一片虚无，我们找不到任何可以做解释的事物。如此一来，我们便备受打击，但这其实是我们自作自受。因为单看我们所提出的这个问题，就早该知道是一定找不到答案的。

当然，如果"大爆炸"之前就已经有了"某物"的存在——有人会觉得那就是带着计划和目的的上帝或其他神明——那么物质世界的出现，大概就是因为他们的计划都成功了。不过这个解释也只能稍稍缓解我们的焦虑，或只是将我们的注意力转移到为什么有神明存在，而非无物上，仍然没有回答最初的问题。如果我们满心欢喜地接受"神明本来就存在"这个答案，那我们也应该接受"世界本来就是存在的"这个答案。所以莱布尼茨是错的，他的充分理性原则在理解事物原因的一般情况下能给予我们好的指引，但是也只能做到如此而已。正如康德后来所说的，莱布尼茨的原则是"规范性"原则，而非"构成性"原则。这项原则通常可以引导我们寻找答案，但并不能确保真的有答案可寻。

是什么填满了空间？

事物及其属性的奇妙之处

"是什么填满了空间？"这个问题乍一看似乎不该来问哲学家，而该去问物理学家。科学才是负责告诉我们周围世界性质的学科，不是吗？而最能诠释空间中事物的学科就是物理学，毕竟这是物理学专门研究的内容。

实际上，这个问题还是有哲学成分的，因为当我们思考关于空间物体的问题以及相关知识时，很容易陷入困惑之中。本章旨在带领大家认识这些困惑。就像温斯顿·丘吉尔（Winston Churchill）①说的，战争能给人们带来的只有血水、汗水与泪水。在这个主题上，哲学家恐怕也只会让大家头疼。这可能是整本书中最难的一章，你可以直接跳过这章不读，但这章里面可能会有"黄金屋"哦！

---

① 温斯顿·丘吉尔（Winston Churchill，1874—1965），英国首相（1940—1945，1951—1955），保守党领袖。著有《第二次世界大战回忆录》《英语民族史》等。获1953年诺贝尔文学奖。

接受信息

我们对于物体的认识均是通过感官经验获得的，当然，事实上，物理学中所探讨的大多数事物或基本事物都不像桌子、椅子那样，能够瞬间被感官系统捕捉到。我们要用精密的仪器对这些事物进行检测，同时还需要许多晦涩难懂的理论来理解仪器所显示的不同数据。不过，虽然我们要通过仪器间接地了解事物，但仍是我们自己的感官经验告诉了我们仪器都测出了什么。同理，当我们要参考他人证词时，这些人或多或少也扮演了仪器的角色，但我们还是需要用自己的眼睛、耳朵去接收他们传递出来的信息。

不过，无论我们是否需要仪器，或是我们能否更加直接地感知物体，对以下讨论都不会产生太大的影响。无论是前面所讲的哪种情况，我们之所以能够了解某些事物，是因为这些事物都发生在我们身边且作用于我们身上，我们是被动接受的一方，或者说，我们是会被对象影响的一方。反过来说，这也是因为事物有影响我们的潜能。因为物体表面光滑，且具有反光的能力，所以我们能看到物体；因为物体具有抵抗渗透的能力，所以我们能看到它的不可穿透性与坚固性，能触碰到它、感觉到它；因为物体具有影响声波的能力（无论是发出声音，还是折射其他声音），所以我们能够听到它。

康德想过这件事，并对此感到担忧。如果我们只能通过事物对其他事物造成影响才能对事物本体有所了解，那么我们似乎只对事物的行为做出了反应，而非事物本身。康德认为，事物必有"其他的内在属性，如果没有这些属性，就不会存在其他的关系属性了。因为这样一来，它们就没有可凭附的主体了"。但是，既然我们只能被动接受和反应事物，那我们就不清楚要如何认识这个"主体"了：如果康德是正确的，那么主体似乎就一定要存在，但实际上我们对它一无所知。这一点让人惊讶不已，莫非我们与世界隔绝了？乔治·贝克莱（George Berkeley）主教也曾在其 18 世纪初发表的文章中表达过同样的担忧，如果我们只能感受事物的影响，而非事物的内在本质，那么我们就真的与世隔绝、被困在"虚幻光辉"之中了。

力量与倾向

伟大的实验物理学家迈克尔·法拉第（Michael Faraday）[①]同样想到了这个论证，但法拉第认为，我们可以放弃康德所说的"其他的内在属性"。假设有一个粒子 a，可以通过其能量 m 造成可见的影响，那我们就要将粒子 a 与其能量 m 区分开来。法拉第写道：

> 在我看来……粒子 a 或粒子核消失了，而那个物质就只能由能量 m 构成，事实上，如果粒子能独立于能量存在，我们还能对粒子核形成怎样的概念呢？将已知力量独立于对 a 的想象之外，那么此时粒子 a 又还剩下什么呢？那又为什么要假定一个我们一无所知、无法想象，并且没有任何哲学必要性的东西存在呢？

---

① 迈克尔·法拉第（Michael Faraday，1791—1867），英国物理学家、化学家。1831 年发现电磁感应现象，从而确定了电磁感应的基本定律，为现代电工学奠定了基础。发现磁致旋光效应（法拉第效应）。著有《电的实验研究》《化学与物理的实验研究》等。

该观点的问题在于，我们能否接受"物质由能量组成"这一观点，或者说，情况是否与法拉第所持观点相反，在哲学上是否真的有必要假设有物体、粒子核或有能量的事物存在。

不过一定要注意的是，康德和法拉第并非反对通过引用事物构成或事物组合成其他事物的方式来解释能量的思路。解释时钟为何能准时报时的时候，我们会展示时钟内部的弹簧、齿轮与其他机械装置是如何向指针传送脉冲的。这个解答思路没有问题，问题在于要如何思考这个过程。比如说，如果我拿起一个齿轮，那么我手中的齿轮就是我所能感知到的事物。我是如何感知到的呢？通过视觉（反射光线）和触觉（我无法穿透坚硬的齿轮）。齿轮的力量作用在我身上，所以我能毫不迟疑地指出这些性质。当我移动齿轮时，它所经过的空间也会产生同样的效果：这些空间会反过来影响我，使我能判断出齿轮所在的位置。在这整个过程中，我只是在体验事物在我身上作用的效果，并将其与事物本身所具有的能量联系起来。

但有一种观点认为，我们需要康德提及的进一步的"内在属性"，我们可以将这种论证称为"并不只是洗涤论"。伯特兰·罗素（Bertrand Russell）[①] 曾在其著作《物的分析》（*The Analysis of Matter*）中提到，为何"有如此多可能的方法，能将现在被视为'实在'的事物转化为仅仅只是关于其他事物的法则而已"，他说："这种做法

---

① 伯特兰·罗素（Bertrand Russell，1872—1970），英国哲学家、数学家、逻辑学家。获1950年诺贝尔文学奖。在哲学上，早期为新实在论者，20世纪初提出逻辑原子主义和中立一元论学说。在政治上，反对侵略战争，主张和平主义。主要作品有《西方哲学史》《哲学问题》《心的分析》《物的分析》等。

明显是有限度的，否则世界上所有事物都只是其他事物的投射。"这一论证的结论是，即使我们很难不借助事物的能量来理解事物本身，但我们却依旧需要去了解事物本身，否则我们便不会有一个实际存在的世界的概念了。

如果……，那么……

若想弄清罗素所提出的问题，就要进一步思考关于"能量"的逻辑。如果将事物置于测试场景之中，那么其能量就能在实际行为中展示或显现出来。要发现事物的这种能力，就要以"条件句"进行测试，也就是要用"如果某事发生了，那么就会发生某事"这种语句来进行测试。如果有人试着举重物且成功了，那么他就展示了自己的力量；如果玻璃杯掉到地上摔碎了，那么它便是易碎品；如果我们想占据某个空间却受到了阻力，那么这个位置就是已经有人占了；如果一个测试粒子被放置于不同位置，又有不同的力作用于这个粒子，比如让它朝某个方向加速前进，那么便说明空间中已有了某种力量。条件句似乎可以帮助我们厘清能量的逻辑。现在，假设能够显示事物这些能力的事件被分解成其他能量消失了。比如，早先的测试粒子现在不再是力量的集合体，这也证明了有些更进一步的条件句为真：如果你适当转动眼睛或调整仪器，那么就会有不同的结果产生——而这个结果也同样会指向另一个条件句。所以我们似乎正面临一个"如果……，那么……"这种条件句的无限倒退的情况，永远无法抵达"本就如此"的终点。

假设有这样一个条件句："如果你把手指伸到电源插座里，那么你会被电到。"想要测试这个条件句的话，可以通过情景想象的方式，也就是哲学家所说的可能性或可能世界。而在这个想象情景中，你真的把手指伸到插座里。如果你真的受到了电击，那么这个条件句就会被接受。所以"如果……，那么……"的命题为真，是因为在想象情境中这个事件确实为真。假设我们将现实世界中所有为真的事件都转变为有关事物能量的陈述，并假设事物的能量均符合"如果……，那么……"这个命题为真的情况。要问"如果……，那么……"这个命题在什么情况下为真，也就是要问其是否在想象情景中为真。这样一来，"真"似乎就会被无限后推。"真"的东西就是在想象情景中为真的事物，而这些事物又是在另一个想象情境中真实的事物，以此类推。因此，正如罗素所说，我们必须找到推理过程中的极限所在，否则我们将永远找不到"真"的东西！

基础

所以，或许法拉第是错的，康德才是对的。我们不仅需要事物的能量，还需要粒子，需要物体，需要哲学家所说的事物能量的"绝对基础"。我们认为事物的倾向会有不同的根据。可以想象在一个空无一物的空间中有两个不同的区域，两个区域之间的区别在于能量不同。如果你进入其中一个区域，你会受到阻碍、遭受电击或遇到其他情况。难道我们不需要思考那个区域中有什么东西吗？难道我们不会认为有某个东西使这两个相邻区域存在差异吗？令人不可思议的是，这两个区域看起来似乎一模一样，只要有物体进入这两个区域，就会产生不同的反应。那么，其中一定含有某些持久的物体，才会使这两个区域有不同能量，或者至少我们认为是这样。但对于这个"事物"或"粒子核"，我们又有什么看法呢？

一些哲学家认为，范畴性质即倾向性质。这就像是告诉法拉第，他所忽略的粒子核或粒子应当是立场本身，换句话说，就是能够形成"如果……，那么……"这种命题的总和。但这种理论的代价是，我们不能再将范畴性质看作倾向性质或能量的根据了，因为这些性质本身不过是倾向性质与能量罢了！当然了，要能作为任何事物的根据，一定得是另一种新的、不同的东西。我们之所以要假设粒子存在，是因为我们要假定有这么一个事物的性质与位置能够解释其立场。如果我们做不到这一点，就又要重新回到"并不只是洗涤论"的问题上来了。

罗素说得没错。这不能提供一个令人满意且完整的自然世界的概念。说白了，我们其实没办法接受一套只有潜能或能量的本体论。在这种本体论中，事物不过是能量的轨迹而已，或者更确切点儿说，如果有这么一个事物存在于某个空间中的某个区域中，那么该区域就会有别于空间中的其他区域，仅此而已。不过这些能量又能做什么呢？它们会影响其他事物，比如改变其他事物的路径或为它们增加电荷，可以加热或冷却其他事物，但这些事件也只是改变空间中其他区域的潜能罢了。潜能的实现或表现就只是实现其他潜能的变化而已。各种潜能来来往往，而它们为真的情况就穷尽了一切的"真"。整个物理宇宙似乎陷入了巨大的光芒之中，除了潜能，什么都没有。

牵涉其中

其实我们还有另外一种选择，不过也是无奈之选：我们可以在从潜在性范畴向纯粹性范畴抽离的过程中将我们自己置身于画面之中。我们赞同，一个事物对另一事物的影响，伴随着不同空间体积的能量变化。但当我们成为这种物质力量的接受者时，这种影响的结果就不仅仅是我们潜能的变化了。我们的经验会因此有所改变，在视觉或触觉上会有确定性或内在的改变。因此，假设在一个场景中有一个平面反射出的红光比其他颜色都多，那么它看起来就一定是红色的。我看到这个平面时所获得的红色经验，就和我想象中的红色经验一样是确定性的事物。这是我内心世界中所能感受到的变化，不像是对于潜能改变的感受，比如从无精打采、虚弱的状态变得精神饱满、充满活力。这更像是事物如何成为我的一部分，而不是如果有什么事情发生，它们就会变成什么模样。

也许，对我们自身经验的反思，更能让我们对确定性或内在性有所了解，这不仅是等待其他同样只是潜能变化的事件来实现的潜能，不过我们自身的经验尚不足以当作潜能的"根据"。毕竟，在前面所说的那个空间中，两个区域只是在潜能上有所不同，就算我们会认为如果我们进入这个场景，这些潜能就会以不同的方式呈现出来，让我们得到光亮、爆炸、色彩、味道、声音或气味等不同的经验。

不过这一切或许都还好。或许法拉第的确比康德和罗素想得更加周全，至少他让我们能接受这个物理世界不过是由不同能量的空间或时间所组成的而已。世界本一片虚无，直到我们加入其中，而我们自身又有着某种经验，于是就又有了量子理论中所谓的"波包塌缩"的发生，这就从原本只是事件的可能性、概率或事件潜能突然变成真实的确定性事件。（但我们能想象一个仅由一系列潜能、可能性或概率所组成的宇宙吗？）

当艾萨克·牛顿（Isaac Newton）①在其 1687 年出版的《自然哲学的数学原理》（*Philosophiae Naturalis Principia Mathematica*）中阐述万有引力定律时，知识界为此大为震惊，但是也同样倍感失落。其他科学家抱怨牛顿只为人们展示了重力做了什么，却没有让他们看到重力究竟是什么。牛顿所分享的理念还需要其他东西来补足，但他也辩解道，这已经是对力、运动与加速度现象的最佳阐述了。当然，这的确是最科学的解释。至于其他尚需进一步挖掘的事物，牛顿是这么说的：

> 地心引力应是与生俱来的、内在的、物质所必需的，它使一个物体能够在真空中对另外一个物体产生作用，不需要其他任何事物作为媒介就可以将力传递到另一物体之上。于我而言，这简直荒谬极了，我认为没有哪个有些哲学思考能力的人会陷入这种想法之中。

牛顿在上文中显示出他有多反感毫无根据，只谈在经验上这里

---

① 艾萨克·牛顿（Isaac Newton, 1643—1727），英国物理学家、数学家、天文学家。牛顿运动定律的建立者以及万有引力定律的发现者。著有《自然哲学的数学原理》《光学》等。

为真、那里为假的做法。如果这里有一个事物，另一处又有着加速运动，他认为那就"一定"要有一个东西作为媒介，才会出现这样的效果。如果只说空间中某个区域有能量、有潜能，或者说有可能使另一空间区域产生变化，这是远远不够的。不过，我们在本章所做的反思告诉我们，我们或许不得不就此接受这一无奈的现实：除了能量，什么都没有。

我在开头曾说过，我能给各位分享的或许不多，如果各位读者真的感受到了我的心血，我将非常感谢。不过至少后面的内容会轻松不少。

什么是美？

美，能让人屏息。美的事物会使人着迷、陶醉，甚至让人感到惊奇或敬畏。美的体验能让人神魂颠倒、狂喜万分。

美是积极向上的，能够给我们留下幸福的余晖，我们的生命仿佛都得到了升华。我们感激美好事物的存在，感激它们所带给我们的美好体验。我们会以为我们带来愉悦经验的事物为美，它们就是美所该有的样子，它们就是完美。

鉴赏问题

我们可以发现不同种类的美：风景、绘画、建筑、音乐、数学定理、文学作品等。我们也有大量词语来形容这种愉悦的体验：深刻、和谐、适宜，或者还有：迷人、陶醉、沉迷、搭调、整洁等。创造美丽事物的本能不是伟大的艺术家或作家所独有的，工匠会在乎美，普通人也会擦亮桌子、整理好领带，这也是在乎美的表现。当然，有时候我们关心的是美以外的事物。演说家更关心的是他的演讲的影响力，他要是一上来就抛出华丽辞藻，在很大程度上会影响观众的注意力。并非所有成功的作品都是美的，即使在艺术中亦然。有些创作者甚至会故意破坏作品的和谐感，故意作丑。在我看来，毕加索（Pablo Picasso）[①]并不打算在他抗议战争的作品《格尔尼卡》（*Guernica*）中展现什么美。道德家也常宣称，美十分肤浅，不过是蛊惑人心的陷阱与虚幻的错觉。

为什么美会引起哲学的关注呢？康德指出这里其实有个悖论，即"鉴赏的二律背反"（the antinomy of taste）。美的起点似乎是我们自己的感官愉悦。"迷人"或"无聊"这些词就反映了事物对我们的影响，我们只有在被吸引时才会将其称为"迷人的事物"；我们说某个东西"无聊"，也是因为那个东西让我们觉得无聊。因此，我们都会坚信这句老话："萝卜青菜，各有所爱"（de gustibus non est disputandum）。如果我喜欢牙膏的薄荷味，而你并不喜欢，我们也没必要争吵。我可以有自己的喜好，你也可以有你的。只有在极个别情况下，才可能会有争吵的必要，比如我们要一同旅行，并且打算只带一管牙膏的时候。对于薄荷牙膏的感觉没有对错之分，你觉得对就可以，这也就说明，在这件事上我们不能谈论对错。这就好像你在射箭之后再画靶，还说自己百发百中。关于品味的问题似乎也

---

① 毕加索（Pablo Picasso，1881—1973），西班牙画家、雕塑家。一生画法和风格迭变。早期近似表现主义，之后一度转为写实，后来又明显倾向超现实主义。第二次世界大战前后作油画《格尔尼卡》，后为世界和平大会作宣传画《和平鸽》。

维纳斯的诞生（1487）（局部图）
桑德罗·波提切利（Sandro Botticelli, 1445—1510）

是如此，你的品味不会出错，你永远都是对的。

这是康德悖论的其中一个方面。另一个方面是，我们对美的关注超越了美本身的含义。我们会争论什么是美的，当有人与我们的品味相左时，我们甚至可能会感到愤怒。如果你我一同看着一件事物，我被吸引得难以自拔，而你却无动于衷，那我们就有了分歧，我可能会试图感化你。如果你看不到夜空的美，或者对阿尔卑斯山的雄伟、大峡谷的壮丽、拂晓的微光、孩童们的优美动作都无动于衷，那么我们大概不是一路人。因为我会认为，这些美好的事物都值得被赞美、欣赏。再不然，我会将你的麻木不仁视为审美迟钝，觉得你是一个乡下大老粗，无趣且缺乏格调。当然，你也可能会觉得我是一个怪胎，情绪化又极其敏感。我们都会认为对方的品味有问题，都要维护自己的品味。这就意味着我们心里其实都坚持着某个标准：我们其实都认为好品味是存在的，就像明智的判断力一样，甚至品味还有客观上的对错之分。因此，关于品味的争论，我们似乎始终在纯粹的主观性与某种程度的客观性之间不断摇摆。

美丽至上

除此之外，虽然我们不是非得在带哪管牙膏这件事上达成共识，但我们确实需要在比如建筑物的外观或者城市外观等事情上达成一致意见。我们羡慕那些住在魅力城市或乡村的人们，也可能会担忧自己是否已经失去了建造美丽建筑的能力。同样地，我们也害怕失去自然中的美丽景致，害怕这些美丽景色会被丑陋的混凝土与柏油路无情吞噬。这种恐惧似乎比只是失去快感要更加严重，更像是害怕这些生命必需品、关乎生命核心的事物会就此消逝。因此，我们会结成政治团体组织对自然加以保护，也会设法将其纳入政治行动之中。

我们不仅认为美丽事物的消逝是一件十分严重的事情，也认为失去这份欣赏它们的愉悦同样事关重大。华兹华斯（William Wordsworth）[①]曾哀叹过，随着年龄的增长，人们对美的欣赏能力却在逐渐消退：

> 我们不仅认为美丽事物的消逝是一件十分严重的事情，也认为失去这份欣赏它们的愉悦同样事关重大。

曾几何时，草地、溪流还有果树，

这大地，以及每一样平常景象，

在我眼里似乎

都披着天光，

这荣耀，梦的开始。

只是已经今非昔比——

我环视四野，

白天黑夜，

再也见不到昔日之所见。

---

① 华兹华斯（William Wordsworth，1770—1850），英国诗人。湖畔派代表。主张以自然清新的诗风、日常质朴的语言开掘人的内心世界。代表作有长诗《序曲》，组诗《不朽颂》《露西》，抒情诗《孤独的割麦人》等。

那么，我们要如何调和康德"鉴赏的二律背反"悖论中的两个方面呢？听起来我们似乎必须在纯粹的客观与纯粹的主观之间做出选择，但如果二者都无法让人满意，我们又要如何调和这两个方面呢？

我们或许会想稍微软化一下客观性这一方面。毕竟，说我们总是"要求"别人和我们有一样的品味的确过分了一些。我觉得自己没有什么音乐天赋，不懂得欣赏瓦格纳歌剧的精致美妙，但也没有人要求我懂这些。理解我的人会鼓励我去试着欣赏一下，但我要是不去听，也不会有人来干涉。儿童在阅读过程中激发的想象力比其所阅读的内容来得更加重要。当我们得知欧洲艺术作品中最美的作品之一，维米尔（Johannes Vermeer）的《戴珍珠耳环的少女》（*Girl with a Pearl Earring*）在1881年的海牙拍卖会上以两荷兰盾的价格出售时，我们会深感震惊，但并不像听闻黑奴贸易的细节或维多利亚时期公立学校的生活时那样震惊。我们可能会钦羡拍卖会上的参与者，但不是感到愤慨或厌恶。相较于道德绑架的人，我们更厌恶那些将自己的品味强加于他人身上的人。我们在美学方面似乎比在道德层面更能容忍差异。

康德"鉴赏的二律背反"中的主观性或品味这一方面也需要适当软化。世界上没有多少事物会比牙膏味道更难妥协，巧克力盒上的图案或是诗歌的品味若是过于古板，就会使人不适，会激发"俗滥""廉价"的情绪，让人反感。但我们其实也知道，这种艺术就是我们生活的一部分，比如官方艺术或广告。只不过我们会觉得那些品味低俗的人就像沉迷于搜集火车模型或者毛绒玩具的人一样幼稚、懒惰、不成熟。

毫无章法

或许我们会试图发掘美的潜"规则"。但是任何这样的尝试通常都有些可疑，可以预测的是，这些尝试大多也都会像之前一样以失败告终。康德早就指出了可疑的理由：

> 在人们认识什么是美时，并没有固定的规则或标准。一件衣服、一所房子、一朵花美丽与否，是无论任何理由或原则都不能影响、左右我们的判断的。我们总是想用自己的眼睛来对事物的美丑进行判断。

这些话一点都不假。规则是一定要遵守的，"艺术规则"一旦存在，也就没了创新的空间。而且，更关键的是，美其实并不需要被感官所理解和接受。我们完全可以通过讲述的方式来告诉对方什么是美，就像我们向别人描述一个他们不曾踏足的房间一样。但实际上，我们很难做到这一点。如果有人对我说，一座花园异常美丽，或是一幅画、一场婚礼很美，但我却无法亲眼见证，那我也就只能说"我听说它们很美"，却无法说出我自己的感受。同样地，我们问别人某个事物美不美时，他们若是不曾有过亲身经历，也就无法说出自己的判断。在这种情况下，我可以说鉴赏家认为它很美，但我自己却不能轻易断言。我或许十分相信鉴赏家的眼光，但我也会在说话时有所保留：我可以说"他们跟我说"这个很美，我打算找个机会去亲自看一看。

但相对地，我们也不只是单纯地描述或说出我们对那个事物的感觉而已。比如我去看了场话剧，并且感觉话剧无聊至极，但因为我自己的孩子参演了，我可能还会感到些许享受。或者，可能我自己有些与众不同，所以无论事物有多美，我都不会觉得享受。个人情感会影响我们对美的欣赏，我们自己可能也知道这一点，所以有时也会不顾及自己的感受。我们或许能看到别人的美，却会因为嫉妒或恶意而丝毫感受不到愉悦。即便在当下我们无法承认他人的美，却也真切地知道那就是美。

批判家的角色

因此，批判家也就随之出现了。我们会试图将他人的目光（还有听觉或记忆等）引导至我们认为他们之前可能忽略的地方，指出隐匿的美丽或瑕疵，希望能借此带领他们做出与自己一样的判断。有些人显然在这方面天赋异禀。大卫·休谟列举了一个好的批判家所需要的特质：好的批判家必须要"健全"，也就是说他能对所鉴赏的事物做出精准的评价，要有敏锐的辨别力、炉火纯青的眼力或耳力；而且，至少在文学层面上，他还要有理智的判断，不受偏见影响。

但休谟所罗列的特质依旧没说出我们究竟要在意什么。有一种说法是，批判家就是要试图预测一件作品会给一般人带来怎样的感受，或者对他人的感受进行评论。他们会将自己当作他人的判断指南。这便是让－雅克·卢梭的观点：品味是一种判断某种事物对大多数人来说愉悦与否的能力。我会把自己的反应当作试金石，坚信自己便是典型，会与大多数人做出相同的反应。但这种说法其实错得离谱。在沃德豪斯（P. G. Wodehouse）的作品《麦金托什狗》（*The Episode of the Dog McIntosh*）中，这位庸俗的剧作家便将他年仅 9 岁的孩子当作实验品，认为他就是大众品味的代言人。按照卢梭的看法，我们或许要说这个孩子有着非同一般的好品味。但是正如康德所说，对美所做的判断并非每个人都会认同，而是都应该认同。如果我说真人秀简直不堪入目，我并不是说大多数人都和我一样反感真人秀，因为我也知道，大家事实上并不这么认为。我只是觉得，大家都应该反感真人秀而已，甚至可以说，这种节目就该遭人唾弃。因此，我们就又回到了主观性这个问题上来。我们为什么要如此在意呢？

失望

要我们说出玫瑰花或夜空有多美，就很可能要运用比喻的手法。这些事物本身并不会提出这种要求：事实上，自然或宇宙中的美丽事物对人类世界毫不在意，只有我们人类才会对彼此提出这种要求。

那么，我们又为什么会要求对方做出反应呢？这种要求涉及道德层面，但是究竟涉及哪些方面呢？我曾读到这样一份提案：将一颗装有巨型反射板的卫星发射至空中，将反射板做成一个大小与月亮相仿、夜间可见的永久固定装置，这样广告商就可以在上面投放广告了。我看了之后觉得震惊无比，甚至可以说我被这个构想吓到六神无主了。我深感自己遭到了玷污：我所属的文化竟然培养出可以恬不知耻地提出这种方案，甚至可能丝毫不会感到羞愧的人。对我来说，夜空是神圣无比的，把广告卫星放置在夜空之中，并且不断循环播放可口可乐或者麦当劳的广告，简直就是毫无商量余地的事。我们不需要以传统教徒的身份来探讨这个问题，站在普通人的角度，如果有人践踏像夜空一样重要的事物，那判他个亵渎神明的罪名也没问题。

或许，将美的想法倾注于失望之中要远远好过倾注于要求：如果你我一同参观大峡谷，我感觉热泪盈眶，你却只感到无聊，那我便会对你失望，你我之间便也有了鸿沟。正如先前所说，我可能会觉得你有某种审美缺陷：你缺乏某种让人完整的事物，就像那些妄想在夜空中投放广告的人一样。

我可能会说你不够用心，或者是用错了心思。我认为这或许有助于解决康德"鉴赏的二律背反"的问题。一个对美视而不见的人是不可能从自身抽离出来的，他或许做不到忘掉自己的种种关切，做不到放宽自己的眼界。欣赏美的时候，我们会专注于那个对象本身，但它所产生的想法则是无穷无尽的。美能够促进想象力的自由发挥，它不会刻意引导我们的思想，这就是为什么当我们面对美的事物时，常常感到不可名状。正如康德所说：

> 我所说的审美观念是指一种想象的表现，这种想象能够引发许多思考，但又不可能有任何确定的想法能将它表达出来。

美无处不在，在我们清空思绪以欣赏其他事物时，在欣赏这个世界、欣赏我们之外的其他事物时，都可以看见美。荒野之美，代表着自然的伟大与人类的渺小；乡村之美，代表着世世代代人类的艰苦奋斗；玫瑰之美，代表着时间稍纵即逝。这些美丽的事物都能够洗涤我们的心灵，而这也就是我们在凝视这些事物时心中那种难以言状的感受。

对于那些无法忘掉自已而又忽略美的意义的人，我想我们完全有理由对他们感到失望。我们甚至可以怀疑他们，就像莎士比亚所说的：

> 凡是心中没有音乐，
>
> 也不为妙韵之和谐所移之人，
>
> 只适宜谋反、行凶、抢劫；
>
> 他的思想运行得像黑夜般迟滞，
>
> 他的情感黯然如黑地狱，
>
> 这样的人千万不可信任。[①]

这种人就是我们所要担心的对象，因为他无法关心除他之外的事物，也无法与我们的想象产生共鸣。正如我们所见，当他掌控了建筑环境或管理自然的权力时，他会变得十分危险。他若是将人文、

[①] 引自莎士比亚著，黄兆杰译，《莎士比亚戏剧精选一百段》，中国对外翻译出版公司，1989年。——译者注

艺术、科学和教育商品化，将它们都当作经济的附属品，任由 GDP 左右，那么这个人就更加危险了。这种政治理念并非新发展出来的，早在 1795 年，伟大的德国诗人与美学家约翰·克利斯托夫·弗里德里希·冯·席勒（Johann Christoph Friedrich von Schiller）^①就曾在其《审美教育书简》（*Ueber die aesthetis che Erziehung des Menschen*）一书中表达过同样的担忧：

> 在我们这个时代，必然性与需求性占据了上风，堕落的人类会屈服于其枷锁之下。功利是当今时代的伟大偶像，深受权贵追捧，受臣民敬仰。在这硕大的功利平衡之中，艺术变得毫无意义，失去了鼓舞人心的作用，就这样从我们时代的名利场上烟消云散了。

也许正因为有了教育，我们才能清晰地看到审美的道德意义。当我们没有可以自由发挥想象力的时间的时候，学习就变成了死板、重复的苦差事，而其成效也只能靠孩子们完全无法理解的经济目的来考量。那么除了抗拒，除了反抗学校、反抗成人世界所代表的一切，我们还能做些什么呢？现实情况是，我们的经济活动应该为了真善美服务，而不是反其道而行之。

---

① 　约翰·克利斯托夫·弗里德里希·冯·席勒（Johann Christoph Friedrich von Schiller，1759—1805），德国剧作家、诗人。在艺术理论方面受康德哲学的影响，认为通过审美教育能使人提高境界，获得精神上的解放，从而使社会得到改造。代表作品有《论素朴诗与感伤诗》《审美教育书简》《欢乐颂》等。

美让我们从自身中解脱出来，让我们意识到审美的道德意义。这就是为什么美所表现出来的并非纯粹、短暂的快乐，它在某种程度上与我们的生活、与精神层面有着深刻的联系。换言之，美好的体验吸引着我们，同时也不断提醒着我们这个世界上最重要、最持久的要素是什么，以及我们人类在世界中的位置。

我们需要上帝吗？

希望、慰藉与批判

　　本书中的许多章节都对"上帝是否存在"这个问题进行了探讨，但仍需将所有论点整合到一起进行集中讨论。因为对于一些人来说，这是人生中十分重要的问题，是让信仰、意义、价值和希望的车轮得以运转的齿轮。

　　其他人则认为探讨上帝是否存在只不过是空话，只是幻想与迷思，是不幸之人用来麻痹自己的白日梦而已。不过我认为，真相其实更加微妙。

一些论述

　　我将从大卫·休谟的著作《自然宗教对话录》（*Dialogues Concerning Natural Religion*）以宗教作为结尾开始谈起。休谟的这部作品中有三个主要人物：第一位是怀疑论者斐罗，他的观点显然代表了休谟本人的观点；第二位是辩护者克里安提斯，他擅长提出上帝存在的论据，对此我们也很熟悉了——大自然能如此精妙，必定是上帝的杰作，这也宣告着造物者的存在；第三位则是狄美亚，他追求的是哲学家所向往的上帝：无所不能、完美、不变、永恒、超越时空、神秘莫测。狄美亚或许是以莱布尼茨的形象为范本而创作出来的。莱布尼茨的"宇宙论论证"试图从思考我们已经探讨过的"为什么是有，而非无？"这一问题入手来证明上帝的存在（请参阅"为什么事物会一直存在？"）。

克里安提斯扮演的是科学、理性的思想家的形象，他心中神圣的造物者是一连串科学推理的自然结论，就像我们坚信手表一定是钟表匠所制作出来的一样。但不幸的是，在牛顿发现自然秩序的数百年后，这位护教者会因其所提出的类比（也就是我们现在所称的"智能设计论"）而让自己卷入史上著名的麻烦之中。

第一，我们自己的创造性活动高度依赖于物质世界的巧妙调节。我们的大脑远比一只手表更加精细、复杂、奇妙，因此，如果我们假设存在能设计出如此精密大脑的设计师，而我们又需要借助人造艺术这个类比，那么实际上我们只是假设存在着远超出我们理解与解释能力的事物罢了。第二，人类设计师需要原材料才能制作出东西来，但我们却认为上帝什么都不需要就能创造出万物来。第三，我们的想法源于我们在世界上所经历的事情，是我们感官经验的反映，我们会用语言将其表达出来，而非凭空捏造，但万能的造物者不仅不需如此，还能从一片虚无中创造出材料与想法来。第四，人类设计师不能自己从石头缝儿里蹦出来，

所罗门之梦（约 1693 年）

卢卡·焦尔达诺（Luca Giordano, 1634—1705）

也需要父母才能诞生。难不成我们还要假设有一整排无穷序列的神明，一个生下另一个吗？第五，休谟提出的观点十分巧妙，他指出，我们的目标与情感会随着我们的动物性与社会性生活而发生改变。正如进化心理学家所说的那样，我们之所以会产生恐惧或愤怒等情绪，是因为我们想要拒绝或改变恐怖环境及不断变化的社会环境。但万能的造物者就不用面对这些，他本就不生活在生态链的任何一环上。

幻觉与设计

从手表推论到钟表匠存在的思路是没有问题的，因为我们知道手表就是被这样制作出来的，而且我们也知道钟表匠需要材料与工艺才能制作出手表来。但对于宇宙是如何出现的，我们却一无所知。

事实上，"设计论"十分糟糕，糟到让人忍不住想要探寻它为什么倍受欢迎。我想，在"设计论"背后隐藏着的，就是让大家接受与"干预论"自由意志主张相同的幻觉（请参阅"我是自由的吗？"）。在我们的日常生活中、在我们意识不到的情况下，我们的大脑与身体之间产生了无数的因果结构，也正是这些因果结构支撑起我们的基本生活与行动。这也让我们认为我们自己的身体结构当中有毫无前因的意志存在，我们也因此开始接受这种精神状态的存在：不需要身体、大脑或物理性质，甚至是空间位置，依旧能实现活动。因此，"设计论"成了对于宇宙的合理解释。一旦我们认识到人类的设计只是宇宙中极其微小的生产原理，而且完全仰赖宇宙复杂的物理结构，便不会再沉迷于幻觉了。

宇宙造物者压根儿不处于生态链的任何位置上——认识到这一事实之后，我们对于究竟是什么在推动造物者这样做，除了瞎想之外别无他法。据说，当 J. B. S. 霍尔丹（John Burdon Sanderson Haldane）[1] 被问到人类是否可以从大自然的奥妙中推断出神的欲望时，他陷入了沉思，最终回答道："他似乎十分偏爱甲虫。"（甲虫共有五十余万种，而人类却只有一种。）或许这就是我们所能推测的极限了。

不过，假设我们将这些难题暂且放下不管，我们就不得不承认，人类社会中有设计师的存在，他们专门负责修改他人的设计，有时也会对某人的设计失去兴趣，转而进行新的设计，诸如此类。但克里安提斯的神学理论却让世界陷入这样的窘境当中：

> 相较于一个更高标准而言，造物者所认知的一切都是错误的、不完美的，一切都只是某个幼稚造物者失败的创作罢了，做完也就丢了，就连神明自己也感到丢人：毕竟这只是一个依附于他人的低等造物者的作品。而且这个作品也只会是其他资深神明嘲笑的对象：这是什么老迈不堪、行将就木的神明创作的东西啊！而在造物者死后，我们却还要依靠他的脉搏与生命力繁衍生息。

---

① J. B. S. 霍尔丹（John Burdon Sanderson Haldane，1892—1964），英国生理学家、遗传学家。建立数量遗传理论，对生化遗传学、人类遗传学和现代进化理论等有重大贡献。主要著作有《生命是什么》《科学与未来》等。

斐罗也十分精辟地总结道："就我而言，我不认为这种狂妄的神学会比毫无信仰好到哪儿去。"

略胜于无神论

讽刺的是，狄美亚赞同这些观点：归根结底，克里安提斯所提出的这种拟人化的上帝概念（模仿人类形象创造）其实与无神论者的观点别无二致。不过，要是我们再回过头来看狄美亚的神学论，就会发现其中困难重重、满是难题，就像我们在讨论莱布尼茨的宇宙学论点时一样（请参阅"为什么是有，而不是无？"）。简言之，狄美亚的神学观点是，上帝是一个人类完全无法理解的事物。因此，克里安提斯反驳道，狄美亚提倡"信仰"自己一无所知的事物，这种神秘主义比无神论好不到哪儿去！如果我问你盒子里装了什么，不管你是说盒子里什么都没有，还是说盒子里有人肉眼看不见、不可知、不可理解、超越时空但又完美的东西，这二者归根结底没什么不同。第二个回答看起来是长一些，但说白了，还是一回事。

我们也可以这么说，拟人化的上帝概念需要加入些许神秘主义色彩，才能够避免"设计论"所留下的无力结论。反过来说，为了让神与人类产生联系，神秘主义也需要拟人化概念的增色。因此，休谟认为，拟人化概念与神秘主义既要相辅相成，又不能混为一谈。

斐罗，或者说休谟本人，随后做出了一个令人惊讶的举动。他说，各种区别只是说法不同而已，于大众而言却足够骇人听闻。大家都认为上帝存在与否的问题十分重要，又怎么能说这个问题只是言辞之争而已呢？怀疑论者斐罗说，我们无法理解，也无法了解那个维持自然秩序的超验现实是如何得以维系的。而像狄美亚这种有神论者则认为，我们所不能理解或了解的超验现实即上帝，是它解释、维持了自然秩序的持续运转。但是"即上帝"这句话除了增加字数，再无其他作用，正如休谟总结的那样，双方的差异也只是口头说法不同而已。休谟甚至认为，如果我们愿意，我们可以推测任何维系自然秩序的原因与因素，都能与自然界中创造事物的其他力量类比，其中也包括人类的设计。

这恰好也可以解释为什么休谟从不自称无神论者。无神论者与有神论者都认为存在可争论的确定事物，有一个能让一方说"存在"，让另一方说"不存在"的议题。但这正是休谟所否定的内容。事实上，在《自然宗教对话录》的结尾处，一直在旁听着这场对话的小男孩潘斐留斯表示，他对克里安提斯的论点最感兴趣。令人惊讶的是，虽然"设计论"留下了一个尚不明确的结论，但就连斐罗自己也对克里安提斯的论点表示了赞美。有些批判家认为，这是休谟舍弃某种立场的表现，但事实并非如此。如果你被困禁在毫无神性概念可用的情况下，那么无论你说"神"存在也好，还是不存在也好，都不重要。无论从"神"存在这个说法上，还是"神"不存在的说法上，在任何方面——无论是道德上、政治上、经验上，还是理论上——都无法推论出任何结论。加入任何一方都意味着我们知道自己在说些什么，但正确的哲学态度其实是对那些有这样想法的人表示不屑。

信仰与实践

我相信，如果是"信仰"的问题的话，那么以上这些分析已经足够令人信服。但是，如果宗教只是假装自己是关于相信某一对象的事物，又该如何呢？我们已经探讨过为什么世界上有事物存在，并且试图破除笼罩这一问题的神秘感（请参阅"为什么是有，而不是无？"）。我们也看过了叔本华对于我们不断追问的这一问题的解释，因为我们终归要面对寿终正寝的问题。如今，确定了动力源自我们的情感本性之后，叔本华并不认为这一动力会自行消失，也不认为若是不再有这种动力就是一件好事。叔本华认为，形而上学的驱动力只有永远持续下去，各种宗教才能继续发展，用它们的神话填补我们想象力的空白：

> 真理无法赤裸裸地出现在人们的面前，却可能存在于每个宗教中的这种寓言式本性，表现出来的便是神秘，即某些教条不能直接构思出来，更无法通过文字来传达……这便是让普通人与未受教育者感受其无法理解事物的唯一合理方式，也就是说，宗教处理的是一种完全不同的秩序……在这种秩序下，我们现象世界的规律以及言语所描述的一切都消失殆尽。

叔本华的这一观点与《爱丽丝镜中奇遇记》中爱丽丝的观点不谋而合，爱丽丝曾读过一首毫无意义的诗歌，名为《伽卜沃奇》（*Jabberwocky*）——"是滑菱鲆在缓慢滑动，时而翻转时而平衡……"

"这诗读起来感觉很美，"她读完诗之后说，"但实在是有点难懂。"（你看，她不想承认自己读不懂那首诗，面对自己时也不想承认。）之后她又说："不知道为什么，我感觉自己大脑里似乎满是想法——只是我不太清楚这些想法究竟是什么而已！"

假设有一个人被困在叔本华所说的面对自身死亡的情感欲望之中，面对着存在之谜，再假设他此时在神秘主义与拟人化的上帝的概念之间摇摆不定。我们可以说，他相信的是一位虽然可以超越时空，但又降入人间的神；一位虽然完美，但创造了糟糕世界的神；一位虽然本身永恒不变，但也有着喜怒哀乐的神。他虽与人类不同，但也会因为祭品而嫉妒、喜悦。我们只能用自相矛盾的词语来描述他，或者只能用不恰当的比喻与类比来形容他。这些形象似乎都太模糊，也并不稳定，算不上对某个事物的真实信仰，却还有着其他作用。

首先，它们会让人有一种倾向，倾向于从别人那里获得指引，而那些没有自知之明或盲目自信的人会认为自己能看得更远，尤其是能从神圣的迷雾中看到道德与实践的警示［就像约翰·坦尼尔（John Tenniel）的画作《伽卜沃奇》就定下了刘易斯·卡罗尔的作品在世世代代读者心中的形象］。如果有个足够强大的人声称自己已经受到神的指引，看透了我们眼前的黑暗，知道了究竟什么该做、什么不该做，我们便会不自觉地想要握住他的手，希望他能带领我们走出难以忍受的无尽黑夜，走向光明。于是人们便会开始信奉宗教，便会有各种仪式、祭品、神话与珍贵的承诺。这一切都很没有道理，但一定要能发挥作用——无论好坏，并不是非要有道理才行。

照这种说法，从人们对宗教产生的复杂心态来说，悖论与矛盾便不再是一种反应，而是其核心的内容了。这其实并不完全背离传统：神学中有一个分支，名为否定神学（via negativa，或 apophatic tradition），其教义认为我们对于上帝其实一无所知。相较于犹太教或基督教，这一传统观念在佛教及一些别的教派中更为盛行。著名经济学家阿马蒂亚·森（Amartya Sen）曾说过，当他告诉祖父自己是无神论者时，老人告诉他，这样很好，这就说明他选择了信奉印度教中的顺世派！

人类涂鸦

结论就是，当我们提到"宗教信念"时很容易将其误认作另一种信念，或者把"宗教真理"误认作另一种真理。一般情况下，在一个宗教教派中，一个房间中有人但是又没有人的这种"信念"并不是真的信念。信念是行为的指引，谁要是说出自相矛盾的话来，那就没有行为指南可以遵循了，就像机器只是一直在轰鸣，但齿轮根本没有啮合。神学矛盾也该如此。早期的基督教教父特图利安（Tertullian）一句"就是因为不可能，我才相信"（Credo quia absurdum est），惹怒了后面几代的逻辑学家与哲学家。他们认为，如果一件事是不可能的，那它就不可能是真的。如果你能意识到这一点，要么是你不相信这件事，要么就

> 当我们提到"宗教信念"时很容易将其误认作另一种信念，或者把"宗教真理"误认作另一种真理。

是你确实不该相信这件事。但是叔本华让我们明白了，事实为何并非如此。

面对空白墙面时，人们时常会受多种情绪的驱使而在墙上涂鸦，当然也会欣赏他人的涂鸦。而今既然我们有了神话与权威，我们就有权在墙上画画。神话是集体幻想、恐惧与欲望的体现。所以我们才有了这样的故事：有的神为人类承担苦难、伸张正义；有的神相较于我们的邻居，更加偏爱我们；有的神会因获得了恰当的祭品或衣冠整洁而安抚凡人之心；有的神比我们还要仁慈；还有的神爱憎分明，会为了人类而除恶扬善。

反对宗教实践的人总会列举因宗教实践而产生的坏事：对在神圣经典中属于劣等的人进行迫害与压迫，发动战争、剥夺权利等。但是比较不容易被发现的是，当有道理、仁慈的正派行为因强调特定行为的美德而被取代，换成重视实践的其他教义时，扭曲与虚伪便也浮出水面了。

另外，社会科学方面也有足够的证据表明，通过宗教实践建立起来的社会远比没有宗教实践的社会更加牢固。有些研究表明，若是一个团体脱离主流，试图建立一个自给自足的社群，那些有宗教实践的团队的寿命比没有宗教实践的团体的寿命可长四倍之久。或许我们在演化适应的过程中，在面对形而上学的需求时，才产生了对共享仪式与格言的需求。不过除此之外，还有其他更切实的好处。隐形行为者的形象可以起到巩固社会合作行为的作用，因此也有利于有相同想象形象的群体的稳定。此外，我们还有许多实验均可用作证明。如果我们告诉非常年幼的小朋友们，房间里有一位看不见的公主在看着他们，他们就不太可能打开我们禁止他们开启的盒子。大学生若是偶然间得知实验室中游荡着早先已逝学生的鬼魂的传闻，就不太会做出作弊的行为。而那些在偶然机会下接触到"上帝""神圣"等词语的实验对象，也会更愿意在不同经济赛局中向合作伙伴发出合作邀请。

我们可以回想一下，在现实生活中也有类似效果的例子（请参阅"为什么要听话？"）。那些喝了咖啡或茶的人应当按照饮料机旁的公告要求，将饮料费用投至装钱的盒子中，但他们放入的金额却远远不够。然而，当公告栏上加上一张直勾勾盯着你的眼睛的图片的时候，收到的金额是只放花朵照片时的三倍。

如此看来，可怜的古老人性似乎已经功能失调了，需要靠想象中的监督者、鬼魂、隐形行为者来约束我们。或许我们应该感谢那些为我们提供了神话的作家、艺术家、说书人——只要我们还记得那些神话只是神话而已就好。

这一切都是为了什么？

关于这个问题的答案不胜枚举：快乐、幸福、满足、爱、被爱、忙碌、知识、权力、成就、行善、认识上帝、智慧、繁衍，当然，还有不要再问愚蠢的问题了，不过这只是其中一小部分答案。

关于寻找生命的意义这件事，我们可以从两个方向进行探讨。其中之一就是寻找超越生命本身的事物。我们可以将目光与希望寄托于另一个世界，那里没有忧虑与苦难，没有暴动与生活上的琐事。虽然我们在这个宇宙中无足轻重，但却能因为在另一个更广阔的世界上有着非凡的意义而获得弥补——那个世界有着希望。在这幅图景中，意义的来源超越了我们有限的生命与短浅的眼光，因而我们认为文学、艺术、音乐与宗教就是表达这种关于生命意义的态度。不过，只有当我们确实相信存在更广阔的世界时，这种态度才能成立。许多人将其称为"精神选择"，但我认为这个词有粉饰太平之嫌。反过来说，既然我们想要超越尘世中这个渺小、肮脏、偶然、有限、本能的存在，不妨将这种态度称为"超验选项"。

当人们发觉自己今生的愿望无法实现时，超验选项便会为人们带来希望。人类的苦痛似乎都能在西西弗斯的神话中找到原型：科林斯国王遭到了众神的惩罚，往后余生都要反复将一块巨石推上山顶，但是当他每次推到山顶附近的时候，巨石都会松动滚落至山下。在这个世界上，人们的希望常常会落空，生命常以失败告终，欢喜也会化作灰烬。道德家的这些陈词滥调总是鼓励人们转向超验、永恒的世界，那里没有腐朽、没有死亡、没有失落与绝望。俗世中的成功只不过是灾难的遮盖布而已：在伏尔泰的讽刺小说《老实人》（*Candide*）中，就连乐观的邦葛罗斯医生也不得不承认这一点。

> 邦葛罗斯道："根据所有哲学家的说法，荣华富贵，权势地位，都是非常危险的；摩阿布的王埃格隆被阿奥特所杀；阿布萨隆被吊着头发缢死，身上还戳了三枪；泽罗菩阿姆的儿子内达布王，死于巴萨之手；伊拉王死于萨勃利之手；奥谷齐阿斯死于冥于；阿太里亚死于约伊阿达；约金，奚谷尼阿斯，赛台西阿斯诸王，都沦为奴隶。至于克雷絮斯，阿斯蒂阿琪，大流士，西拉叩斯的特尼，彼拉斯，班尔赛，汉尼拔，朱革塔，阿利俄维斯塔，凯撒，庞培，尼罗，奥东，维德卢维阿斯，多密喜安，英王理查二世，爱德华二世，亨利四世，理查三世，玛丽·斯丢阿德，查理一世，法国的三个

我们从何处来？我们是谁？我们向何处去？（1897）

保罗·高更（Paul Gauguin, 1848—1903）

亨利，罗马日耳曼皇帝亨利四世，他们怎样的结局，你是都知道的。"[①]

　　尽管超验选项令人沮丧不已，但我们依旧可以选择在生活本身中寻找意义，这是"内在选项"，也就是对每一天都感到满足。对我们来说，这个世界充满了意义——我们所熟悉的，但又有些单调的行为经验，其实已足够有意义了。在内在选项中，婴儿的微笑、舞者的舞姿、声音的美妙、爱人的举动、光影的交错，以及大海的低吟，都为生命带来了意义。对某些人来说，是他们的活动与成就给生命带来了意义：成功登上山顶、率先抵达终点或是写出一首诗来。这些事物都转瞬即逝，但我们不能否认它们的意义。一抹微笑尽管无法维持太久，但却足以表达它的含义。没有什么东西能够超越生命的历程。更何况，这个世界上并没有每个人都必须追求的一个目标，不过我们还是能够在人生的历程中发现宝贵的东西——找到生命的价值与意义。事实上，生命本身并无意义，但是生命之中却蕴含着许多意义。因此，我们要对这些潜在答案进行一一探索。

规模

　　当我们将关注的范围扩大一些的时候，就能发现内在选项其实

[①] 引自伏尔泰著，傅雷译，《老实人》，上海译文出版社，2017 年。——译者注

还有个极具吸引力的变体。假设我现在不再为自己着想，而是去考虑更宏大的目标：比如改进某种药物、完善某些流程，或是为母校、家乡或俱乐部增光。即便在我百年之后这些目标才能得以达成，但若是其中也包含了我的努力，那么这些事情依旧能够给我的生命带来意义。我不一定非要广而告之，但其他人可以去传颂我的故事。不过，如果这些目标都没能实现，而且可能压根儿就没有机会实现，其他人可能会说我浪费生命，为了不可能实现的白日梦虚掷光阴——有时的确会如此，但并非总是这样。

不过，我们可以假设事实总是如此：看看世界发展的方向，即使我们尽最大努力也不会有什么改变，并且，我们的生命如此短暂，且只能在微不足道的银河系中的一颗小小星球上生活着，我们难免会感到这一切注定是徒劳的。但正如20世纪初剑桥大学哲学家弗兰克·拉姆齐（Frank Ramsey）所说：

> 我和朋友们的不同之处在于我不太在乎体积。在浩瀚的天空面前，我也不觉得自己渺小谦卑。星星或许体积很大，但它们无法思考、没有爱的能力，而我认为这些品质远比体积重要。我不会因为我17英石（约合107.95公斤）的体重而为人们所赞颂。世界在我心中的形象是以视角来描绘的，而不是按尺寸，其中人类占据了主要位置，星星则无足轻重。

从人类生命的规模来看，有些人的生命绝非徒劳。贝多芬的生命，爱因斯坦的生命，或许还有发明脊髓灰质炎疫苗的索尔克、发明蒸汽机的詹姆斯·瓦特，他们的生命都有非凡的意义，其他无数普通人的生命也一样。我们或许是"上台前紧张焦躁的龙套演员"，但我们可以在下台前用尽全力表演好，这也足够为我们的生命赋予意义。这也是一种内在选项，但不是自私或只在意物质享受的选项。

如果我们去参观西欧艺术画廊就会发现，自17世纪初开始，艺术风格便有了极大的转变。17世纪前，大多数艺术都表达着对于超然的渴望。中世纪的宗教艺术描绘了天堂应有的模样或是地狱的恐怖，还有上帝化为人类模样并为我们分担人世间苦难，以及复活与救赎的主题。从1600年左右的西班牙开始，尤其以荷兰为最，我们可以发现关于日常生活的画作变多了。我们首次在艺术中发现了静物画，这些画作描绘了普通家庭环境中的普通物品［作家安德烈·纪德（André Gide）将静物画称为"物品的无言生活"］。肖像画此时也减少了与圣徒、宗教、皇室的关联，变得更加朴素、更加生活化。这种现象仿佛表明人们对超然的长期迷恋终于消耗殆尽，取而代之的是对此时此刻的颂扬。之前虽然也有以日常生活为题的画作，但却常常带有道德色彩，比如：愚人将船沉入水底，醉酒的农民荒了自己的地；美只能出现在处女的脸上，或是借由披上古代神话的外衣来合法掩饰。但如今，日常生活悄无声息地回到了舞台之上。对于像维米尔这样的画家来说，最平凡朴素的生活场景也被倾注了曾经只属于教会的尊严与意义。

一些哲学家认为，这种变化与其说是从宗教世界观到世俗世界观的变化，不如说是从一种宗教到另一种宗教的变化。他们将现代世界的逐渐兴起解释为进步的福音取代了教人舍弃的福音。但总的来说，情况并非如此。过去确实有宣扬过进步福音的思想家：他们认为，随着教育、科学的发展或宗教狂热的消退，和平与繁荣的时代即将到来。在21世纪初期，还有少数人相信这套说

> 一些哲学家认为，这种变化与其说是从宗教世界观到世俗世界观的变化，不如说是从一种宗教到另一种宗教的变化。

辞。但是，我们会让自己沉浸在日常琐事中，或是为我们的同胞、为全人类，甚至为其他动物谋福祉，大概不是因为相信普遍进步的福音。

精神经验

有些人会偏向超验选项，而有些人则偏向内在选项。我想，这并不是刻意做出的选择，而是气质与经验的问题，再加上文化与教育的引导。有些人比其他人更安于世俗生活，但也有些人的生活很少，甚至根本没有有尊严与安宁的时刻。对这些人来说，相信更高等的存在或许就成了生活中不可抗拒的慰藉了。在绝望与孤独的时刻，要相信事实就是如此，实在让人难以忍受。

不过，超越性的希望也同样可能让我们觉得一切只是痴心妄想，正如我们在上一章中所说的那样，这只是我们在面对死亡问题时在空白墙壁上画出的涂鸦罢了。并且，按照我们所处的世界去想象超验世界，难免有些自欺欺人。但超验世界仍旧可以给这个世界带来

某种意义，仿佛我们能够掌握某种存在模式，这种模式至少不会与我们现在看到的是同一个模样。事实上，这样的事物反而会失去意义。一首音乐、一段对话，甚至是崇拜的双眸或是两情相悦的情愫，都有其独属的时刻。这样的时刻要是太多了，就会变得无趣；若是永远不变，持续发生，甚至会变成折磨。然而，如果我们假定超验世界是模糊的"永恒"，那么我们就不得不发问，我们是否知道永恒存在与灭绝之间的区别？我认为答案是否定的，因为时间限制了我们的想象（请参阅"时间会流逝吗？"）。

之前几个世纪的宣传让很多人对于接受内在选项有隐约的罪恶感。这种做法更是被污名化为"物质崇拜""肉欲"。超验选项的拥护者会使出浑身解数来贬低内在选项，但他们的错误在于，让超验选项垄断了精神概念中所有积极与深刻的部分。欣赏一首好听的音乐、一幅伟大的画作，或者只是看到海豚在大海中嬉戏、老鹰在空中翱翔，都能让我们在纷繁复杂的生活中得到一丝喘息的机会，或是让我们得以发挥想象，拓展我们的理解与同理心。我们的确可以借此将尘世烦恼抛在脑后，但却不能真的躲到世外桃源之中。它们所释放的想象力，激发的情感，依旧属于这个世界。在最好的情况下，这个世界在这个时候看起来就不会那么重要了，我们也不会再将自己当作世界的中心了。这样的经验应当被称为"精神经验"。尽管"精神经验"这一表述已经太多次被宗教捆绑利用，以至于每当我们说到这个词的时候都难免有些局促不安。不过幸运的是，精神经验所描述的现象并没有随之消亡。

神圣的原因

我们可以用同样的思路来探讨宗教对神圣事物概念的侵占。将某一个事物视为神圣之物，也就是认为它划出了哪些事可以做的界限。当一个事物被称为"神圣之物"时，也就意味着它不会被拿来为了其他事物而牺牲，不是可以被权衡利弊的对象，也不能够被他人触碰。对所爱之人的记忆只有在无法被质疑与权衡的时候，才会被认为是神圣的。科学家也只有在他蒙受欺骗、收到不准确的消息而感到震惊时，或是对认为我们会从中获益（如经济利益）这个念头难以容忍时，才会认为真理是神圣的。我们并不需要进入宗教领域才能表达某物神圣的想法。

我们前文也谈及过一个非常明显的例子，简单的品味问题（夜空究竟是否美丽）也能上升到道德层面（请参阅"什么是美？"）。在夜空中设立广告牌的提议，其中存在的问题就是它对道德的麻木与固执。这种做法否定了夜空对其他人所唤起的情感，包括敬畏、好奇、恐惧，或许还有慰藉。尽管拉姆齐对人类视角表示赞许，但是宇宙浩瀚无边，我们只生活在不起眼的角落之中，这也有可贵之处。若要将其摧毁，就相当于每时每刻都大声放着令人厌恶的音乐。这种做法否定了人们对于慰藉的渴望，简直是有悖人性的罪行。我们或许可以将其称为"夜空之罪"，但我认为这也只是真正罪愆的一种简略称呼罢了。宇宙大到足以容下麦当劳广告牌，但我们的心胸可没那么大。

如果我认为夜空是他人所不能玷污的，并且会对在它上面进行商业剥削的想法感到震惊与沮丧，那么我定不会尊重那些做出这一提议的人，我们之间便有了矛盾。我们也不能求同存异——要是他们真的找到赞助商、筹集到资金，岂不是就得逞了？我必须要反对他们，这也正是为什么说这是一个道德议题。我必须要坚称他们错了。在这个时候，持有错误的态度甚至比拥护错误的信仰还要糟糕。当然，也可能是我无法（向他们）证明他们错了。他们可能认为我过于感性、敏感，然后我们会陷入无边的争辩，我会试图列举其他案例来改变他们的想法。在辩论中我可能会成功，也可能会失败。在道德论战中，几乎没有速战速决的情况，并且风险极大，绝不能随意放弃，我们所能做的就是一路披荆斩棘，坚持下去。

从 17 世纪初开始，超验选项就逐渐给内在选项让步了。但在 21 世纪初，我们的艺术与写作中却几乎没有对日常生活的描绘。人间再也没有第二个维米尔。当代电影与写作很少赞扬某一事物，更多的是陶醉于灾难与毁灭、文明衰落、夜幕降临的题材。这种调调或许有它存在的道理，但无论将来是好是坏，还是依旧一样：这些作品的存在一定会让我们现在的生活比原本更加凄惨。因此，我们或许不该对未来有太多幻想，而是应该活在当下。毕竟，伏尔泰在《老实人》中让其笔下的人物历经苦难，并最终与生活和解，还给了我们这么一个建议："还是管好自己的事吧。"人就是要活在当下的，因此，或许哲学家所能给出的最好建议就是这一点吧！

我有什么权利？

积极、消极与自然权利

"我有什么权利？"这个问题可能只是在寻求资讯，意思是"根据某些协会与政治团体的规定，我可以做什么？这些规定都写在了哪里？"

我可能有带一位客人进屋的权利，却不能带两位；我可能有走人行道的权利，却不能堵着路不走。不同的人可能享有不同的权利：本国公民有权在选举中投票，但外国游客没有。此时我的权利取决于规则允许我做什么。

夸夸其谈

不难看出，社会是如何一方面发展出准许制度，一方面又设下禁止跨越的界限的。如果我精心制作了一副弓箭，其他人可能会保护我使用弓箭的想法，并设下禁令和惩罚措施，不让任何人从我身边夺走弓箭。如果一男一女声称他们是一对恋人，要是有第三者选择无视这种状态，并且横刀夺爱，那么在世俗的眼光看来这便是犯罪。即便是在动物中，信号也可以改变状态，这样整群动物就可以集体惩罚滥用这种状态的动物（请参阅"社会是真实存在的吗？"）。因此，我们可以理解提出承诺、遵守约定及财产体系、法律体系等是如何演变出来的。在相关体系之中，就有我们的"积极"权利，这也就意味着这个体系提供了行为界限与许可体系，以及其他人需避免的行事方式。从这种意义上来说，这些事物的存在都要归功于社会行为与社会习惯，因此它们都是社会建构的产物。

如果我们谈论的不是从这些体系中产生出来的权利，而是"自然权利"，也就是无论如何都存在的权利，事情就会变得更麻烦。哲学家对于"自然权利"这种说法的意义持怀疑态度，就像他们认为探讨自然交通规则与自然政治体系是没有意义的一样。他们认为，在这种情况下，权利变得过于抽象、难以控制，在道德与政治中并无太大的用处。法学家、哲学家杰里米·边沁（Jeremy Bentham）[①] 在批评法国大革命期间发表的《人权宣言》时曾说过："自然权利只是一派胡言；自然、不可逾越的权利也不过是花言巧语、夸夸其谈罢了。"革命者宣称要阐明"人类自然、神圣与不可分割的权利"，不过，对于边沁所属时代的民众来说，革命本身所留下的阴影却记忆犹新。按照边沁的说法，"正确的事""正确的决定"之中的"正确"

---

① 杰里米·边沁（Jeremy Bentham, 1748—1832），英国伦理学家、法学家、哲学家，资产阶级功利主义学说的主要代表。主要著作有《道德与立法原理导论》《义务论或道德科学》等。

一词是一个很漂亮的字眼：

> 这个词（正确）正是以这样的形态走进我们心中的，也足
> 以让我们理解它：这个词随后便展现了其实质性形态，并与其
> 他词语结合起来，树立起暴动、无政府、无法治的暴乱旗帜。

换言之，当它变成名词词性、人们开始谈论"权利"时，一切
就都变了：

> 权利（实质性的权利）是法律的产物：只有真正的法律才能
> 产生真正的权利；但从想象的法律中，从诗人、演说家，以及在
> 道德与智慧上下毒的人所幻想、发明的自然法律中，只能产生想
> 象的权利，是"可怕的美杜莎与奇梅拉斯"所产出的怪物。

描述性还是规定性？

"自然权利"听起来确实很奇怪，它或许是人类形成某种"自
然社区"这种观念的后遗症，又或许是某位神明规定人类应该遵守
的规则。可以这么说，我们每个人生来都带有一套写在基因中的特
权。如果我们像动物解放主义者那样，将权利概念扩展到其他物种
身上，或像"深度"生态学家那样，将权利概念扩展到自然世界的
其他事物上，那么动物、树木、河流与山脉也会被认为生来就拥有
同样的权利了。即便我们不是怀疑论者，也可以对这种概念的意义

下跪的奴隶
英国学校（18 世纪）

与用途提出疑问。

我们完全有理由对这种鼓励无限扩大权利的主张提出自己的担忧。仅在人类世界，权利泛滥问题就已经够严重了。人有权利得到一份工作，有权利要求带薪休假、要求特殊的生活标准，以及免受恐惧、烦恼、骚扰吗？宗教自由是否包括给小朋友灌输无稽之谈呢？或者是否要在他人需要治疗时却又拒绝他们呢？如果我们将权利扩展及自然世界，情况就更加糟糕了。细菌有权利吗？根除天花病毒是不是像种族屠杀一样呢？如果科罗拉多河有权汇入大海，那么是否也有权拒绝人们修建大坝、禁止人们饮用呢？即使我们从这种难以控制的扩展中稍稍后退一步，还是会对探讨权利所引发的敌对色彩感到头疼。权利主张似乎非常容易引发争端：我们听到"我知道我有什么权利"这句话的时候，我们脑海中就会浮现出人们面红耳赤与他人争论的画面。探讨权利问题似乎不能让人们和谐、合作，共同寻求政治与道德层面的良方，这也正是边沁与后来的马克思所批判的问题。

虽然这些都是非常重要的批评，但我并不认为这就是结论。我们已经在社会制度及其所规定的权限与特权中认出积极权利了。此外，我们当然可以改变现行规则，将权利当作要求的一部分来探讨，使之对人们的生活产生不同的影响。比如，法律可能允许你在白天或晚上的任何时候开着飞机从我家上空飞过，直至飞到机场，但我可能会抗议噪声扰民，抱怨这侵犯了我安稳睡觉的权利。既定法律中也许没有能让我拥有良好睡眠质量的内容，但我所抱怨的是法律本该如此，本就应该禁止夜间飞行，因为我的权利受到了侵害。我上面所讨论的是情况应该如何，而非实际情况如何，而此时要求权利似乎是解决问题的好办法。

假设我是民主主义者，坚信社会中的每个人都该对社会如何运行有平等的发言权。我认为那些受政治决策影响而使人们失去发言权的政治制度错误至极。当然，我应该能表达这样的观点：人民有权参与民主进程。若是某个联邦不能确保人民参与的权利得到保障，甚至剥夺他们的权利，那么便是侵犯了他们的权利，是吧？在这里，我是在约定社会中人们的积极权利应该如何分配，而不是在描述人们与生俱来的、大自然所赋予的神秘权利有哪些。

我们应当将"自然权利"当作一个辩论用词，而且这大概也可以说是法国大革命时穷人与受压迫者所想要看到的。在这种精神下，即便说江河有入海的权利，也不会太过玄幻、让人难以接受了。激进分子宣称，这不过是鼓吹人们不得阻碍河流汇入大海而已。这或许是一件值得提倡的好事，但也可能不是。当河流汇入大海时，大多数人还是欣喜的，但人类又都需要饮用水，或许不得不取用河流中的水资源。

权利的普遍化与根据

边沁对于《人权宣言》最激烈的批评，就是其高度抽象的语言，而这些语言居然被视为推翻既有政治秩序的充分理由：

> 以偏概全，是知识虚荣最大的绊脚石！以偏概全，是天才

也躲不过的岩石！以偏概全，是危害审慎与科学的祸根！

一旦我们说政府侵犯了人民自由与平等的权利，那么，按照革命者的说法，这就为暴动提供了充分的理由，也为推翻政府提供了充分的理由。但政府又同样可以说是以这种抽象的方式侵犯了人民的权利：有许多法律都限制了人们的自由（尽管不是全部的自由）；有许多机构诸如行政机构与税务机构都因要区分人们能做什么和不能做什么，而造成了不平等。行政机构可以判刑，而税务机构则可以靠威胁来要钱，但普通民众却做不了这些。边沁认为，这种政治语言并不比无政府好多少，这种状态以给予民众一切权利为借口，反而致使可执行权利理念的崩塌，最终导致无人有权。

然而，这个问题的解决办法并非要完全抛弃权利语言，而是要更加谨慎地确定哪些权利应受到保护，以及保护的范围与限度在哪里。成熟社会中的现实法律史就表明了这一过程的不断演变。在正常情况下，权利会有起伏变化：在我写到这里的时候，英国正以打击恐怖主义的名义，不断扩大其窥探、监视、监禁与入侵他人隐私的权力。当然，这是政治方面的事务，但我们没有理由不让支持不同政策的人使用权利语言来提出自己的观点。

一旦人们认为权利可以用来为某些政策辩护，这件事在哲学上就会变得相当棘手。例如，有人可能会因此宣称国家不应该审查某些内容，因为人们有权利选择这些内容。或者他们可能会说，我们必须用民主的方式来处理事务，因为人民有权参与政治进程。"权利"在这里似乎成了推动政策的根据，而这又似乎将我们带回了形而上学那种奇怪的权利观念，亦即将权利当作我们可以凭借的事实，当作政策的依据，而不仅仅是为政策辩护的言辞。如此看来，我们似乎不得不回过头来接受我们每个人身上与生俱来的神秘权利了。

权衡与凌驾

然而，事实未必非得如此。我们可以通过引用某项权利来解释为什么我们会为某项政策辩护，而不用直接面对怀疑论者的质疑。如果我们能证明这项政策已经相容于公认的既有权利，且法律上与政治上的许多辩论当然也得以这种形式进行，那么我们就可以这么做。例如，有的人可能会以广告商的言论自由权为理由来为一则广告辩护，其他人也可以以公众免受欺诈的权利为理由来控诉。此时双方都可以说，正是因为他们的做法符合某些既有权利，他们那一方才应该胜诉。

这种做法会将权利局限于既有的或确定的积极权利的范围内。这正是美国最高法院为自己所设的权限——以最细微的方式审视宪法用语，并借鉴大量先前的诠释。正如边沁所预测的那样，从社会利益的角度来看，这种做法的结果往往是极为可笑的。18世纪的宪法规定"人民享有携带武器的权利"，在那时显然是指人民享有携带武器保卫国家而组建民兵的权利，然而在今天却无法阻止个人使用20世纪的攻击性武器。如果有可能，人们肯定还会持有炸弹、毒气与核武器。这种方法在本质上是研究圣经文本意义的学术方法，而其他的如人民有权要求政府保障其安全的考量，至少在外人看来，在这个过程中似乎是被完全遗忘了。

对道德理论来说，如果一些高度普遍与不可否认的事实能够加入"自然权利"的清单，那未尝不是一件好事。从历史上看，最有可能加入"自然权利"清单的便是我们所共有的理性。这样大家就会试着证明，因为我们是有意识的，是会思考、会选择的动物，所以任何合法社会都必须要拥有保障自由的原则。哲学上的自由主义看起来就是要明确指出这条路的一种尝试，首先将我们已知的能力放到魔术师的帽子里，然后再从帽子中拉出我们每个人都拥有的权利，例如言论自由、宗教信仰自由、法律规定的自由、获得公平审判的自由，或者换一种方式说，就是不受法律不公正胁迫的自由与参与政治进程的自由。20 世纪著名的自由主义理论家约翰·罗尔斯（John Rawls）在其著作中写道，合法国家的基本结构可以从如下观点中得出：自由的行为人可以理性选择国家基本结构，并订立契约，规定彼此愿意遵守的规则。

然而，边沁的阴影再次笼罩在这份努力之上。任何这种方式的推演都似乎不可能推出特定的结果（罗尔斯本人后来也同意这一点），而且，正如我们所见，"自由"与"权利"等词都需要具体说明。棱角也需要磨平：言论自由并不包括诽谤性言论与欺诈性言论，但具有伤害性的攻击言论又如何呢？如果是并不具有伤害性，却足以使我在职业或社会上遭受到痛苦的言论呢？用单一词语表示的抽象权利必然会产生冲突。在亵渎神明的行为中，言论自由便与宗教信仰自由相冲突。当我拥有良好睡眠的权利与他人 24 小时在高速公路上开车的权利或航空公司安排航班时间的权利相冲突时，要如何决定呢？晚上睡个安稳觉难道是一种欲望，而不是权利吗？即便人人都有参与政治进程的权利，而且是其最基本、最不可剥夺的政治权利，那这项权利也需要有所限制。如果一个大集团参与了政治进程，并且立即推翻了现有制度，转而要建立一个几乎没有人能够参与其中的神权政治政体，那么我们是否有权阻止他们这样做呢？没有人真的认为对于理性的自我意识或对个人的选择自由进行高度抽象的思考可以解决这些细节问题。权利被当作能够凌驾于其他实际考量之上的王牌，并能制定明确的规则。但一旦权利必须将自己放在天平之上，与其他数不胜数的权利进行比较、衡量，权利所代表的明确性也就消失了。

帝国主义、多元文化与社区

另一种情况也可能会发生。如果我们对权利细节的理性计算更有信心，那么帝国主义的幽灵可能会再次苏醒过来，因为有些社区和国家的法律、习俗可能会与我们在抽象思考后所做的规划不符。边沁对法国《人权宣言》中"先验的"理性语言的指控之一便是：按照《人权宣言》的说法，全世界没有哪个现有政府是合法存在的。这便在原则上给了革命者合法的委托权，让他们可以将自己关于政府的想法强加于欧洲其他国家乃至全世界任何一个国家。那些被视为从人类不可否认的特质中衍生出来的权利，便会陷入一种危机：我们竭尽全力琢磨出来的成果，却只是提供了一个干涉其他人的正当理由——
就只是因为我们有理性，而他们没
有。如此看来，权利语言所扮演的
就是一种宣扬新宗教的角色，它不

仅不能容忍其他不信这套的人的存在，还渴望将自己的发现拓展
到全世界，压制其他地方出现的不同做法与选择。

　　然而，这并不是要倒退回"社群主义"或主张某种相对主
义——认为只要一个社群发展出某种特定形式的政府与法律，以他
们的标准来看，那样的政府与法律便是正确的。对边缘化者、被压
迫者、妇女、其他宗教的信徒、低种姓民众、被称为"他者"的人、
言行过当之人，以及不允许拥有内部成员所享有的权利与特权的人
来说，新旧社区都是其恐惧的来源。我们不必给自己的权利提供任
何"形而上学"的理论支持，就可以看到真正的压迫与不公正，因
为那就是它们的实际模样。但是，不良社会的问题在于，使其溃烂
的要素往往并不是理性错误。真正的问题在于人心，在于他们的恐
惧、嫉妒、偏见与仇恨，而不在他们的脑子里。

　　和往常一样，我们得到的教训就是要更加小心。将权利当成约
定俗成的习俗与法律中所承认、规定的事物来讨论是没有问题的，
拿来为某些政策与变化辩护也未尝不可，而且使用权利语言来试图
说服他人相信某项政策的优势也是完全合理的。但是，若是认为权
利可以为我们的主张提供形而上学的基础，那就坚决不可以。若是
认为有一套权利的计算方式，可以让各地人民都看到其独特性，这
种想法无论从哪个方面来说都是十分危险的。即便这并不像边沁所

想的那样，是无政府的导火索，但它也一定会使人变得自以为是、盲目自信，而且这是用枯燥的经院哲学取代全人类的、多维度的思考，包括对法律、政策，以及所有能够使我们和平相处所必需的事物所进行的考量。权利已定，概不商榷，谨慎为妙！

死亡可怕吗？

死亡的深渊

在苏格兰民谣《麦克弗森的哀歌》（*Macpherson's Lament*）中，我们可以看到偷牛贼和音乐家詹姆斯·麦克弗森（James Macpherson）是如何面对自己的处决的：

> 如此咆哮，如此肆意
>
> 他的步伐让人如此畏惧
>
> 他弹了一首曲子
>
> 还在绞刑树下跳着舞

我们会敬佩麦克弗森，也许还会带有崇拜，因为我们或多或少都害怕死亡，并且难以遏制对死亡的恐惧。但哲学家伊壁鸠鲁（Epicurus）[①] 有个精辟的论点，他认为我们都不该害怕死亡：

[①] 伊壁鸠鲁（Epicurus，公元前341—公元前270），古希腊哲学家。快乐论的最早提出者之一，也最早提出了原始的、朴素的社会契约说。著作多佚，仅在第欧根尼·拉尔修的《名哲言行录》中保存有致友人书三篇和主要箴言。

死亡对我们来说不算什么，因为消失的事物都没有感觉，而没有感觉的事物对我们来说也就算不了什么了。

长眠

对我们来说，"死亡算不了什么"这一观点很难理解。若是死亡降临，我们的生命便会结束。诗人约翰·邓恩（John Donne）认为，死亡或许可以被视为一件自豪的事，尽管死亡也并没有多值得骄傲；根据某些宗教思想家的说法，死亡可以被征服，尽管其他人对此表示怀疑。死亡不可能是"虚无"，对吗？但"虚无"本身就是个不可信的词语，很容易被诠释为某种特殊的存在，即："不存在"。我们看到叔本华的描述后，发现我们的生命被虚无包围着，这也导致我们产生了形而上学的焦虑。每当我们试图在虚无的永恒深渊中思考时，关于存在的恐惧便会一次次地袭击我们（请参阅"为什么是有，而不是无？"）。虚无会对我们产生十分深远的影响，例如当我们期待某个事物出现的时候，正因我们受到了虚无的影响，反而更加不会相信我们会被它影响了。英语中可能会用大写字母表明自己内心的恐惧——与其这么说，还不如说我们害怕虚无。有些哲学家对虚无感到恐惧，但也有些人认为没什么好怕的。

如果我们试着去想象死亡，可能会想到寒冷、沉默、静止：这个状态会长时间持续下去，直到永恒，也就是终极长眠。虽然这个长眠看起来一片祥和，却是相当阴森恐怖的。不过，如果我们按照这个思路去想，实际上就误入歧途了。当我们这样想时，其实是在想死亡对我们而言是什么样的，但这就是错误的开始。对我来说，死亡也没什么，因为那时候也就没有"我"了。我不会感受到寒冷、沉默、静止或是被埋在地下。若我的身体被火化，我也不会感受到火的温度。一切都不复存在了。对我来说就是这样。而这个世界还是会继续运转，只是对于还留在世界上的人来说，或许已经不同了。

欺骗性想象

当我们想象生活中的场景时，会想象自己用某个视角来看。要是有人要我想象喜马拉雅山，我会想象我看到的喜马拉雅山会是什么样子的。如果要我想象与总统会面或者去潜水，那我就会想总统渐渐走进我的视野之中，或是我浑身湿透，一边吐着泡泡一边潜水。这些第一人称视角画面无时无刻不充斥在我们的想象之中，但这却是我们在想象死亡时绝不可能做的。我们必须彻底抹去自己的存在，但这样一来，我们就无法想象了，因为我们找不到关于死亡的第一人称视角，也从来没有人真正亲身经历过死亡。如果有人在苏醒前短暂经历了死亡，那么在这段时间内，他也什么都感受不到（如果他能醒过来并讲述自己的经历，那他就没有死）。

尽管大家都懂这个道理，但还是难免会认为，我们之所以无法想象死亡是什么样子，并非是因为逻辑上有误，而是因为死亡这件事过于神秘。如果无法想象死亡是什么样的，我们就会认为，一定是因为死亡笼罩在神秘之中，而这也在无形之中使死亡变得更加可

奥菲丽娅（1852）
约翰·埃弗里特·米莱斯爵士（Sir John Everett Millais, 1829—1896）

怕。我们应当抵制这种诱惑。"死亡"并不比尚未出生的状态神秘到哪儿去。下周以及下一年，会有很多尚未出生的人来到地球上，就像我们自己在多年前也尚未出生一样。未出生和其他事情不同，不是因为它曾经存在，现在却被隐藏起来，而是因为在尚未出生之时，根本没有主体，没有自我存在。在人类出现之前，地球已存在了数十亿年之久，人类灭绝之后，同样将有数十亿年的岁月。我们会灭绝很久，但这并不会比我们在等待出生之前的那段漫长时光更加无聊。对我而言，太阳系的最终灭绝将和我死后的第一个夏天一样快。那时，我便战胜了时间，但不幸的是，我无法享受这份胜利，即便一秒也不行。

当基督教徒想到传统中天堂那个无休止地唱颂赞美诗的形象其实并没有多大的吸引力时，就会说来世是永恒的。他们说，在永恒的生命中，我们将征服时间。但这样一来，就必须弄清楚为什么时间之外的生命会与灭绝和毫无意义有所区别，而这却是他们做不到的。

我们在试图想象自己的死亡时所走错的那一步，也会带来一定的后果。试着想象自己的死亡，却发现这实在难以接受，就会激发我们对来世的幻想。你看——我现在在想象自己的葬礼：教堂里没有活着的我存在，而躺在棺材里的那具躯体也不具有我的思想，所以一定有空灵、鬼影般的我存在，我的灵魂徘徊在哀悼者上空，但却没办法告诉他们其实我一切都好，正等着开启全新且未知的旅程。这种幻想的力量会如此强大实在是很奇怪，因为我们不会想象目睹父母孕育我们的情节，也不会想象我们前世曾是四处飘荡的鬼魂。

过去与未来

从哲学上来讲，我们尚不清楚为什么我们的想象会存在时间的不对称性——我们可以在字典中查到"来生"这个词，却查不到与之相对的"前世"。人们总是谈论未来，而非过去。这种偏见也许和我们的生活方式有关，我们的生活是向前的，而不是后退的。我们必须对未来做出计划、安排与提醒，但过去的事就过去了。所以"对我来说将会是什么样"这个问题会比"对我来说曾是什么样"更有吸引力。也许我们天生就更在意未来，而不是关注过去。我们的做法就是在心中不断想象各种场景（我们自己可能即将亲身经历的场景），这样我们就可以演练该做些什么，并为突发事件做好准备。

我们对过去经验与对未来经验的不对称性，影响了我们随着时间流逝对于自我身份的认知。哲学家喜欢想象分裂与融合的例子，结果发现不同的分裂与融合似乎会影响我们对自己是谁的看法。例如，假设我的一部分大脑被移植到一个身体里，而另一部分大脑又被移植到第三个人的身体里，随后这两个人分道扬镳，过着不同的生活。在这样的想象下，我似乎将面临一个迫切的问题："我会在哪里？"如果在某个特定的时间，其中一个人在一个安静的红色房间里，另一个则在嘈杂的绿色房间里，那么我会在哪个房间里呢？似乎有三个截然不同的选项：要么我待在其中某一间，要么在另外一间，再不然就是我根本没有在手术中存活下来。

然而，如果我们进行反向实验，就不会那么坚持要单一选项了。假设我知道我现在的大脑是由两个甚至多个人的大脑组合而成的，听起来很酷吧？再假设大脑的其中一个主人在 2000 年的夏天曾攀登勃朗峰，而另一个主人则在沙发上大口嚼着薯片——那我当时又在哪儿呢？如果我能清楚记得做过其中一件事，那么我就会说是那个人；如果我记不清，那我的记忆可能就是模糊混乱的：脑海中既有爬山的碎片记忆，也有薯片的味道。不过，我也不必庸人自扰："我当时在哪儿"这个问题并不像"我会在哪儿"那么迫切。

如果我们真的要进行分割手术，或许想到这两个新人类都不需要担心他们究竟是否曾经是我，这样想或许能让人聊感宽慰。如果其中一人说他写了这本书，而另一个又说是他写的，那么他们之间的争论便成了娱乐消遣，或者是关于版权的法律争论，而不是什么必须解决或必须争论出结果的智力问题。这只是个如果有必要，我们甚至可以对此进行立法的情况。

同样值得注意的是，"我会在哪里"这个问题只有在从第一人称角度提问时才能答得如此干脆。如果用同样的方式来对你进行分割手术，那么我们其他人大概都可以接受分割手术之后这两个人都与你有几分相似这个结果。也许其中一个人有你的幽默感，而另一个有你超强的逻辑能力；也许其中一人记得我们曾一起看过足球比赛，另一个则像你一样善于与我和声对唱。从情感层面来讲，我难免会有些不知所措，但关于"究竟哪个人才是你"这个问题，就像我把一辆自行车拆了又重新组装成两辆车之后还要问哪个才是原本的自行车一样。身份问题可能导致法律上的问题，比如，对新自行车征收的税与对旧自行车征收的是否不同。不过，形而上学家并不会为这个问题头疼。同样地，如果我的妻子进行了分割手术，那可能涉及法律问题，而没有哲学意义，毕竟重婚罪是违法的。

安之若素？

让我们回到死亡的问题上来。如果说死亡算不了什么，那这难道意味着要我们平淡接受死亡这件事吗？在许多层面上，死亡仍令人恐惧。毕竟，生命的终结终究是一件大事。造成死亡很可能是最严重的恶行之一，而避免死亡也是我们最主要的关怀之一。如果你把我推下悬崖，你就应该受到法律的惩罚；如果我失足快要跌下悬崖，你却在最后关头救下了我，那我便应该好好感谢你。难道这真的无法与伊壁鸠鲁的观点相调和吗？

当然不是。看看我自己的死亡，我会非常希望能够避免它发生，但不是因为我想过如果能避免死亡的话会如何、避免不了又会怎样，在比较之后做出这个选择。事实上，压根儿没有第二种可供比较的选项。但我还是希望能避免死亡降临，而这也只需要去设想如果我真的设法活下来了，那会是什么样。我很可能会得到我渴求已久的事物。我想看看春天的景色、听听鸟儿的叫声，或者是和我的孩子们在一起，或者写完一本书。如果我死了，那我就没法儿做这些事了，而这可能会给我带来很大的困扰。一个对未来抱有期许的生命却无奈终结，不免令人惋惜，但我们所惋惜的是死者的种种活动、计划与快乐的消逝，而不仅仅是其死亡的状态。英年早逝往往比寿终正寝更让人扼腕叹息，因为年轻人的生命中还有那么多再也无法实现的憧憬，而老年人则已饱经沧桑、尝遍人间酸甜苦辣。我们有这样的感觉是再正常不过的了。只不过，为之哀悼的是我们，而非死者，死者已无法哀悼了。

由于我们是群居动物，在正常情况下都会关心家人、朋友的安危，甚至连熟人，乃至陌生人也会有所关心，谋杀会让我们感到恐惧——也幸亏如此。不管怎么说，我们对自身的保护仍然是每个人最关切的问题。另外，我们也会关切我们自己的尊严，以及掌控自己的生活和让自己免于痛苦与折磨的能力。但大自然是残酷的，这两种关切有可能会发生冲突。当一个人不堪重负且做不了任何改变的时候，其自我保护意愿便会降低，自杀反而可能成为解脱。当然，这是十分不幸的，但任何折磨都可能会使这种不幸变成最好的选择。不过，自杀一直以来都是宗教团体所谴责的行为。有些不合逻辑的是，那些保证有幸福来世的牧师却将自杀视为亵渎神明的行为，认为那是在"扮演上帝"的角色，也背叛了生命的圣洁。这些牧师宣称，虽然他们无法惩罚这些自杀的人，但上帝定会惩罚他们。与此同时，尽管这些牧师控诉的对象已无法为自己辩解，但他们还是要对自杀之人加以羞辱，例如他们会将死者的相关印象贬为耻辱、拒绝为其主持葬礼，或是对协助死者的人施以迫害。

对这种迷信的最优雅的反驳依旧来自大卫·休谟，他在 1755 年发表的文章《自杀》(*Of Suicide*) 中指出，大自然遵循固定不变的普遍法则，人类与其他动物一样，都有足够的能力应对自身所处的环境。如果这些能力能够导致自我毁灭，那么运用自杀的能力与使用其他能力别无二致，不会扰乱宇宙秩序，更不会对这个最高存在造成任何影响：

法国有种迷信认为，接种天花疫苗是对上帝不敬，或者说那是靠自愿得病而篡夺天意的行为。而现代欧洲也有种迷信，终结自己的性命是对上帝的不敬，是不虔诚的。我想说的是，为什么建造房屋、耕种土地、航海就不是对上帝不敬？在上述行为中，我们可都是运用自己的精神与力量，不遗余力地在大自然中创造出新的成果呢！

如果我们在结束自己生命时是在"扮演上帝"，那么在装饰花园、撑伞时我们也在扮演上帝。休谟接着将注意力转向另一个荒谬的观点，那些人说大自然早已安排好我的职责，就像安排哨兵站哨一样，所以如果我放弃了自己的生命，那就等同于擅自离岗：

是上天安排我在现在这个房间里的，但我难道不能在适当的时候选择离开并且免遭擅离职守的谴责吗？在我死后，构成我的那些原则仍将在宇宙中发挥它们的作用，在上帝那儿也像当初构成我似的一样有效。对整个宇宙来说，我生与死的差别并不比我在室内或室外大到哪儿去。死亡对我的意义远比对其他人要大得多，但对宇宙来说却不足挂齿。

自然让我们对死亡感到恐惧，不过死亡也的确十分可怕。但自然也让很多人害怕蜘蛛、蛇，而他们却会设法克服自己的恐惧。

我们或许有责任劝阻他人自杀：或许生活并非那么让人无法忍受，或许以后就会变好了，或许他打消自杀的念头后会对此感激不尽，并因此而忍受生活的种种不幸。但是，如果劝说失败——毕竟，在绝症与无法治愈的痛苦面前，一切劝说都是空洞无力的——他或许还是迈出了那一步，那么此时也无法去说这中间究竟是谁的错了。我想，大多数人都希望自己能像麦克弗森一样从容不迫地面对死亡，但是害怕屈辱、痛苦与折磨，害怕成为亲人的沉重负担更甚于害怕死亡，进而选择终结自己的生命，这也是值得钦佩的。若是不幸真的降临，相较于苟延残喘，我们能选择以更加优雅的方式离开这个世界，也是一大幸事了。

既然我们有关照彼此的责任，而自杀又是一件十分困难的事，那么有同情心的看护或许有责任在此时施以援手。如果不这样做就会造成十分痛苦的死亡过程，或许细心协助自杀会使一切都好过一些。然而不寻常的是，英国与美国许多州的法律都将此类协助自杀的行为与谋杀画上了等号。它们给出的理由是，人会在那些急着想看自己死亡的人面前觉得自己是"不得不去死"。显然这里要设下保障措施，不过在司法上同样明显的是，在允许协助自杀的权限之下，这样的保障措施同样可以发挥作用。

不存在

我自始至终都在说，死亡即是灭绝，而忽视了所谓"来世"存在的可能性。我相信，我们只是因为在想象上犯了错，才病急乱投医地相信来世。长久以来，人类对于来世的迷恋只是哲学错误的结果。或许有些人认为，他们可以建立一种令人满意的来世模型，只需相信这些前提：灵魂就是鬼魂的一种，是人模糊的影子。有人声称可以看到灵魂，认为它们是来自死亡国度的使者（不过很重要的一点是，既然鬼魂都是衣冠楚楚地现身，那它们身上所穿的衣物大概也是已逝床单、盔甲的使者吧）。

由于这些现象都是我们自己精神状态的映射，所以也会相当逼真：房子会因有主人去世而闹鬼，也就是说，生者因其伴侣或子女离世痛苦不已、备受折磨，因而会想象他们依然在此。但是，被不存在的事物纠缠并非真的被缠住了，正如英国没有鳄鱼这件事其实也不是不存在的英国鳄鱼从灵魂世界所派来的大使。

> 长久以来，人类对于来世的迷恋只是哲学错误的结果。

其实，没有什么神秘的事物，只有不神秘的事实——那就是什么都不存在，死去的人也好，不存在的鳄鱼也罢。哪怕到现在，其实也没什么人或事真的值得我们哀伤与哀悼。我和许多其他人一样，暗自希望在自己弥留之际，身边的亲朋好友能感到些许悲伤，我也希望能在修订自己著作后的迟暮之年才会经历这种悲伤。但于我而言，到那时也没什么可让我烦恼的了。

重要哲学家

▷ 亚里士多德（公元前 384—公元前 322），古希腊哲学家，与柏拉图同为西方传统中最有影响力的哲学家。

▶ 奥古斯丁（354—430），古罗马基督教思想家，教父哲学的代表人物。

▷ 杰里米·边沁（1748—1832），英国伦理学家、法学家、哲学家，功利主义学说的主要代表。

▶ 乔治·贝克莱（1685—1753），爱尔兰观念论者，洛克批评学者。

▷ 约瑟夫·巴特勒（1692—1752），英国道德哲学家，杜伦主教。

▶ 克拉底鲁（公元前 5 世纪），古希腊哲学家，赫拉克利特的学生，据说是柏拉图的第一位老师。

▷ 唐纳德·戴维森（1917—2003），美国哲学家，因其精神与语言哲学论文而闻名。

▶ 丹尼尔·丹尼特（1942— ），美国精神与演化哲学家。

▷ 勒内·笛卡儿（1596—1650），法国哲学家，试图建立无所不包的哲学体系。

▸ 休伯特·德雷福斯（1929— ），美国现象学及存在主义领域哲学家，人工智能批判者。

▷ 伊壁鸠鲁（公元前 341—公元前 270），古希腊哲学家，快乐论的最早提出者之一，也最早提出了原始的、朴素的社会契约说。

▸ 埃德蒙·格蒂尔（1927—2021），美国哲学家，因其关于知识定义的研究而闻名。

▷ 赫拉克利特（约公元前540—约公元前480与公元前470之间），富传奇色彩的古希腊哲学家，因名言"人不能两次走进同一条河流"而闻名。

▸ 托马斯·霍布斯（1588—1679），英国哲学家，强调哲学的目的在于认识自然，征服自然，"造福人类"。

▷ 大卫·休谟（1711—1776），英国哲学家、历史学家、经济学家、美学家，现代哲学中最重要的自然主义者。

▸ 弗兰克·杰克逊（1943— ），澳大利亚精神与形而上学哲学家。

▷ 威廉·詹姆斯（1842—1910），美国心理学家及哲学家，因其实用主义及心理学作品闻名，是著名作家亨利·詹姆斯（Henry James）的哥哥。

▸ 马克·约翰斯顿（1954— ），澳大利亚哲学家，现居普林斯顿，作品涵盖伦理学、精神哲学、形而上学与哲学逻辑。

▷ 伊曼努尔·康德（1724—1804），德国哲学家、德国古典唯心主义的创始人。其著作《纯粹理性批判》为后人指明了研究方向。

▶ 戈特弗里德·威廉·莱布尼茨（1646—1716），德国自然科学家、数学家、哲学家。

▷ 约翰·洛克（1632—1704），英国哲学家。其著作《人类理解论》深深影响了 18 世纪的思想。

▶ 马基雅弗利（1469—1527），意大利政治思想家、历史学家。其政治哲学被称为"马基雅弗利主义"。

▷ 卡尔·马克思（1818—1883），无产阶级革命导师，马克思主义的创始人，是对资本主义及其对劳动影响领域最具影响力的分析者、批评者。

▶ 布莱瑟·帕斯卡（1623—1662），法国数学家、物理学家、哲学家。

▷ 柏拉图（公元前 427—公元前 347），古希腊哲学家，柏拉图学派创始人。与亚里士多德同为西方传统中最具影响力的哲学家，其著作《对话录》对几乎所有哲学分支进行了探讨。

▶ 卡尔·波普尔（1902—1994），英国科学哲学家，因强调科学中的可证伪性而闻名。

▷ 休·普赖斯（1953— ），当代澳大利亚哲学家，有影响力的实用主义者、物理及时间哲学家。

▶ 约翰·罗尔斯（1921—2002），美国道德及政治学家，其著作《正义论》使政治哲学重新回到大众视野中，并为 20 世纪后期定下了研究方向。

▷ 让－雅克·卢梭（1712—1778），法国启蒙思想家、哲学家、教育学家、文学家。主张人生而自由、平等，主张社会契约论。

▶ 伯特兰·罗素（1872—1970），英国哲学家、数学家、逻辑学家。在哲学上，早期为新实在论者，20 世纪初提出逻辑原子主义和中立一元论学说。

▷ 吉尔伯特·赖尔（1900—1976），英国哲学家、古典学家。

▸ 让－保罗·萨特（1905—1980），法国哲学家、作家，存在主义主要代表之一。

▷ 约翰·克利斯托夫·弗里德里希·冯·席勒（1759—1805），德国诗人、剧作家，因其对美学的见解而闻名。

▸ 亚瑟·叔本华（1788—1860），德国哲学家。致力于柏拉图、康德哲学的研究，反对黑格尔的绝对唯心主义。

▷ 约翰·塞尔（1932—   ），美国语言及精神哲学家。

▸ 亚当·斯密（1723—1790），英国古典政治经济学体系的建立者。尽管其最知名的身份为经济学家，但同时也是杰出的社会理论学家、道德哲学家。

▷ 苏格拉底（公元前 469—公元前 399），古希腊哲学家。在欧洲哲学史上最早提出唯心主义的目的论。

▸ 彼得·斯特劳森（1919—2006），英国哲学家，将形而上学重新带入英美哲学世界。

▷ 伏尔泰（1694—1778），法国启蒙思想家、作家、哲学家。

▸ 路德维希·维特根斯坦（1889—1951），英国哲学家、逻辑学家。他的早期哲学对逻辑实证主义的影响很大，晚期哲学则为分析哲学学派所接受与发挥。